普通高等学校"十四五"规划机械类专业精品教材

互换性与技术测量
实验指导书

（第二版）

主　编　周　丽　　任桂华

副主编　程玉兰　　黄丽容　　王莉静

参　编　张玲莉　　陈银清　　王晓晶

主　审　胡凤兰

华中科技大学出版社

中国·武汉

内 容 简 介

本书为普通高等院校机械类和近机械类专业技术基础课实验教材。

本书系统而精炼地阐述了几何误差技术测量的基本知识,主要介绍了尺寸、几何误差、表面粗糙度、螺纹几何参数和齿轮几何参数等的常用测量方法、测量仪器及其结构和操作步骤。此外,本书还提供了实验预习报告、实验报告示例。除第 6 章外,各章后均附有思考题。

本书可供普通高等院校机械类和近机械类各专业"互换性与技术测量"实验课程教学用,也可供机械制造工程技术人员参考。

图书在版编目(CIP)数据

互换性与技术测量实验指导书/周丽,任桂华主编. —2 版. —武汉:华中科技大学出版社,2022.1(2024.8重印)
ISBN 978-7-5680-7746-0

Ⅰ.①互… Ⅱ.①周… ②任… Ⅲ.①零部件-互换性-实验-高等学校-教学参考资料 ②零部件-技术测量-实验-高等学校-教学参考资料 Ⅳ.①TG801-33

中国版本图书馆 CIP 数据核字(2021)第 252835 号

互换性与技术测量实验指导书(第二版)　　　　　　　　　　　　　　周　丽　任桂华　主编
Huhuanxing yu Jishu Celiang Shiyan Zhidaoshu(Di-er Ban)

策划编辑:万亚军
责任编辑:姚同梅
封面设计:原色设计
责任监印:周治超
出版发行:华中科技大学出版社(中国·武汉)　　　　电话:(027)81321913
　　　　　武汉市东湖新技术开发区华工科技园　　　　邮编:430223
录　排:华中科技大学惠友文印中心
印　刷:武汉开心印印刷有限公司
开　本:787mm×1092mm　1/16
印　张:4.75
字　数:118 千字
版　次:2024 年 8 月第 2 版第 2 次印刷
定　价:18.00 元

再 版 前 言

"互换性与技术测量"是与制造业发展紧密联系的一门综合性应用技术基础学科,也是高等院校机械类、仪器仪表类和机电结合类各专业必修的一门重要的技术基础课程,是联系设计系列和工艺系列课程的纽带,也是架设在基础课、实践教学课和专业课之间的桥梁。

"互换性与技术测量"课程是一门工程实践性很强的课程,其相应的实验环节——技术测量实验,对学生巩固所学知识、培养工程实践和动手能力,以及培养学生分析问题和解决问题的能力具有重要的意义。由于科学技术的飞速发展,现代的机械、仪器制造业对加工精度的要求愈来愈高,而测量技术是保证零件的加工精度,保证产品质量的关键。因此,机械工程技术人员和管理人员必须掌握常用的测量仪器的测量方法和相关测量技术。

本书是根据国家工科基础课程实验教学建设要求,配合"互换性与技术测量"课程的教学要求而编写的,主要介绍了尺寸、几何误差、表面粗糙度及螺纹和齿轮几何参数测量常用的测量仪器、测量原理和测量方法,并且还给出了常设实验的实验预习报告和实验报告的示例,不仅可用于各项目的单项测量实验,还可用于设计性和综合性的实验。具体实验课程可根据各院校的教学情况和实验设备开设,实验目的、实验设备也可根据具体实验而定。

本书力求概念准确、内容规范,对常用实验设备的结构、测量原理、测量方法叙述清楚,具有可读性和可操作性。本书有如下特点:①主要介绍各种几何量常用的测量器具和测量方法;②加强了对学生实验动手能力的培养,要求学生实验前认真阅读本书,写出预习报告及实验检测方案,并且只有在实验检测方案通过教师认可后方可动手进行实验操作;③本书全部采用最新国家标准。

本书第一版在胡凤兰主编的教材《互换性与技术测量实验指导书》的基础上于2012年改编而成,但随着科学技术的发展及仪器设备的更新,加之近年来部分国家标准的修订,书中有关内容也需相应更新,为此,特对本书进行修订。参加本次修订工作的有湖南工程学院周丽、程玉兰,湖北理工学院任桂华,江西理工大学黄丽容,天津城建大学王莉静、张玲莉,安阳工学院王晓晶,广东石油化工学院陈银清。本书由周丽、任桂华任主编,程玉兰、黄丽容和王莉静任副主编,由胡凤兰主审。

在本书编写和出版过程中,我们得到了各参编院校机械院系、有关部门及任课教师的大力支持,并得到了有关专家、学者及同行的热忱指教。特别是,华中科技大学的杨曙年教授对本书的编写给予了精心指导,并做了细致的审阅,提出了许多有建设性的意见。此外,本书还引用了部分标准和技术文献资料。在此,编者一并表示衷心的感谢。

由于编者水平有限,书中不足在所难免,敬请广大读者批评指正。

编 者
2021 年 8 月

目　　录

第1章　尺寸的测量 ·· (1)

1.1　外尺寸的测量 ·· (1)

1.2　内尺寸的测量 ·· (4)

1.3　尺寸测量的注意事项 ·· (7)

　　思考题 ·· (7)

第2章　几何误差的测量 ·· (8)

2.1　形状误差的测量 ·· (8)

2.2　轮廓度误差的测量 ··· (14)

2.3　方向、位置和跳动误差的测量 ··· (14)

2.4　用三坐标测量机测量几何误差 ··· (19)

　　思考题 ··· (22)

第3章　表面粗糙度的测量 ··· (23)

3.1　比较法 ··· (23)

3.2　针描法 ··· (24)

3.3　光切法 ··· (29)

3.4　干涉法 ··· (31)

　　思考题 ··· (34)

第4章　普通螺纹的测量 ··· (36)

4.1　普通螺纹的综合测量 ··· (36)

4.2　普通螺纹的单项测量 ··· (37)

　　思考题 ··· (44)

第5章　齿轮几何参数的测量 ··· (45)

5.1　切向偏差与径向偏差的测量 ··· (45)

5.2　齿距偏差和齿廓偏差的测量 ··· (50)

5.3　齿厚偏差和公法线平均长度偏差的测量 ······································· (53)

　　思考题 ··· (58)

第6章　实验预习报告和实验报告 ··· (59)

6.1　尺寸的测量 ··· (59)

6.2　直线度误差的测量 ··· (60)

6.3　轴类零件的综合测量 ··· (62)

6.4　齿轮几何参数的综合测量 ··· (64)

6.5　螺纹几何参数的综合测量 ··· (66)

参考文献 ·· (68)

第1章　尺寸的测量

机械零件的尺寸是一项很重要的技术指标，因此，尺寸的测量在技术测量中占有非常重要的地位。尺寸的测量可分为绝对测量和相对测量。绝对测量是指从测量器具的读数装置上可直接读得被测量的尺寸数值的测量，例如用外径千分尺、游标卡尺和测长仪等测量长度尺寸。相对测量是指从测量器具的读数装置上得到的是被测量相对于标准量的偏差值的测量，例如用内径百分表测量内孔的直径、用立式光学计测量轴的直径。

1.1　外尺寸的测量

外尺寸测量常用外径千分尺、游标卡尺和立式光学计等测量器具进行。

1.1.1　立式光学计测量原理

立式光学计又称立式光学比较仪，它是一种精度较高、结构较简单的常用光学仪器。其中数显立式光学计和投影立式光学计除具有一般立式光学计的优点外，还具有操作简单、读数方便的优点。立式光学计是一种工作效率较高的测量仪器，它利用将标准量块与被测零件相比较的方法来测量零件外形的微差尺寸。它可以检定 5 等（或 3 级）量块及高精度的圆柱形塞规，且能对圆柱形、球形等形状工件的直径或样板工件的厚度以及外螺纹的大径等做比较测量。若将立式光学计从仪器上取下，适当地安装在精密机床或其他设备上，则可直接控制零件的加工尺寸。

1. 投影立式光学计的结构及测量原理

图 1.1 所示的是 JD3 型投影立式光学计，它的基本度量指标为：分度值——0.001 mm；示值范围——±0.1 mm；测量范围——0～180 mm。它主要由光学计管、投影灯、工作台等几部分组成。

光学计管是立式光学计的最主要部分，它由壳体及测量管 14 两部分组成。壳体内装有隔热玻璃分划板、反射棱镜、投影物镜、直角棱镜、反光镜、投影屏及放大镜等光学零件。在壳体的右侧装有零位微动螺钉 4，转动它可使分划板得到一个微小的移动，从而使投影屏上的刻线迅速地对准零位。

测量管 14 插在仪器主体横臂 7 内，测量管内装有准直物镜、平面反光镜及光学杠杆放大系统的测量杆；测帽 13 装在测量杆上，测量杆上下移动时，使其上端的钢珠顶起平面反光镜，使反光镜倾斜一个 ϕ 角；平面反光镜与测量杆由两个抗拉弹簧牵制，对被测件有一定的压力。测量杆的上下升降是借助于测帽提升器 9 的杠杆作用而实现的。测帽提升器 9 上有一个滚花螺钉，可调节其上升的距离，以便将工件方便地推入测帽下端，并靠两个抗拉弹簧的压力使测帽与被测件良好地接触。

如图 1.2 所示，投影灯 1 安装在光学计管顶端的支柱上，并用固定螺钉固紧，其电源线接在 6 V 的低压变压器上，照明灯的功率是 15 W，投影灯下端装有滤色片组 15，也可根据需要将滤色片组拧下来获得白光照明。工作台在形状上有大小之分以及平面式与带肋面式之分，根据应用时的位置可调与否又有固定式与调整式之分,在测量前应根据被测件的表面形状对工作台进行选择,使测量时工件与仪器工作台的接触面最小。对于可调整的工作台还应对其进行校正,使工作台平面与测帽平面保持平行。

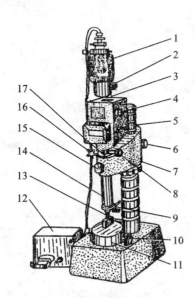 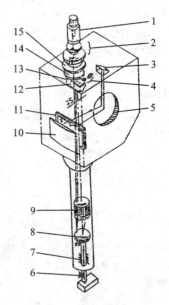

图 1.1　投影立式光学计

1—投影灯;2—螺钉;3—支柱;4—零位微动螺钉;5—立柱;
6—横臂固定螺钉;7—横臂;8—微动偏心手轮;
9—测帽提升器;10—工作台调整螺钉;11—工作台;
12—变压器;13—测帽;14—测量管;15—微动托圈固定螺钉;
16—光管定位螺钉;17—微动托圈

图 1.2　投影立式光学计的光学系统

1—投影灯;2—聚光镜;3—直角棱镜;
4—投影物镜;5—反光镜;6—测帽;7—测量杆;
8—平面反光镜;9—准直物镜;10—读数放大镜;
11—投影屏;12—反射棱镜;13—分划板;
14—隔热玻璃;15—滤色片组

2. 数显立式光学计的结构及测量原理

图 1.3 所示的是 JDG-S1 型数显立式光学计,它的基本测量原理与投影立式光学计相同,只是投影屏换成了数显窗口,不用根据分划板上的刻线读数,可直接在数显窗口读取测量值。

1.1.2　立式光学计的使用方法

1. 投影立式光学计的使用方法(参见图 1.1)

(1) 调整投影灯。将电源接在 6 V 低压变压器 12 上,使投影灯转向工作台面;调节灯丝的轴向位置,在工作台上放一张白纸,使灯丝很清楚地在白纸上成像;将灯泡位置固定,然后将投影灯 1 转动至壳体入射窗的正中央,再将胶木螺钉 2 固紧;调节投影灯上端的两只调节螺钉,使投影屏获得均匀照明。

(2) 选择测帽。选择测帽的原则是尽量使被测工件与测帽的接触面最小,接近于点或线接触,以减少测量误差。一般测平面用球形测帽,测圆柱面用刃形测帽,测球形工件用平面测帽。测帽选好后,应将其套在光学计管下端的测量杆上,并用螺钉紧固。

(3) 按被测工件的公称尺寸组合量块。一般是从所需尺寸的末位数开始选择,将选好的量块表面的防锈油用汽油、棉花擦去,并用绒布擦净,用少许压力将两量块工作面相互研合。

(4) 调整零位。将组合好的量块组放在工作台上,松开横臂固定螺钉 6,旋转横臂升降螺母进行粗调,使横臂 7 连同光学计管一起缓慢移动,直至测帽 13 与量块中心位置处接触、投影

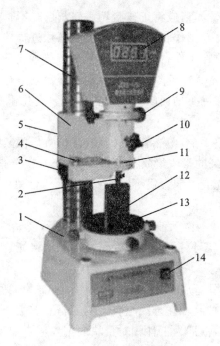

图 1.3　数显立式光学计

1—底座；2—测帽；3—横臂升降螺母；4—测帽提升按钮；5—横臂紧固螺钉（图上被挡住）；6—横臂；7—立柱；
8—数显窗口；9—微动偏心手轮；10—光管紧固螺钉；11—光管；12—量块；13—工作台；14—置零按钮

屏上出现分划板的刻线像为止（根据经验，一般粗调至刻线尺寸为 $60\sim100$ μm），然后将横臂固定螺钉 6 拧紧。松开螺钉 15，转动微动偏心手轮 8 进行微调，使刻线零位与指示线相重合，然后拧紧螺钉 15。此时，零位会有所偏移。再调节零位微动螺钉 4，使指示线准确对零。多次拨动测帽提升器 9，使刻线零位与指示线多次严格重合。

（5）进行测量。按下测帽提升器 9，取下量块组，将被测工件放在工作台上，并在测帽下面来回移动（注意：一定要使被测轴在母线全长上与工作台接触，不得有任何跳动或倾斜），记下标尺读数的最大值，该值即为工件相对量块的偏离值。如图 1.4 所示，在轴的三个横截面相隔 60°的三个方向上测取若干个实际偏差值，并由此计算实际尺寸。按轴的验收极限尺寸判断其轴径的合格性。

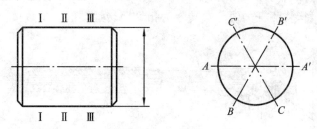

图 1.4　轴径测量位置示意

2. 数显立式光学计的使用方法（参见图 1.3）

（1）接通电源。

（2）选择测帽（选择原则同投影立式光学计测帽的选择）。

（3）工作台的选择与校正。工作台分平面工作台和带肋面工作台，选择工作台时也应保证工件与工作台接触面最小。测前应将工作台调平,以使工作面与测头平面保持平行。对于可调整的工作台,为保证测杆与工作台面垂直,测量前必须进行校正。先选择一个与被测工件尺寸相同的量块,将其大致放在工作台的中央,给光学计管换上直径最大的平面测头,使测头平面的 1/4 与量块接触并显示某一读数。然后旋动工作台调节螺钉,使其前后移动,并从数显窗口中观察示值的变化,若在测头平面的四个位置的读数变化不超过 $0.3~\mu m$,则表示工作台的校正已完成。

松开横臂紧固螺钉,调整手柄,使光管上升至较高位置后固紧螺钉。

(4) 调整零位。将组合好的量块组放在工作台上,松开横臂紧固螺钉 5,旋转横臂升降螺母 3 进行粗调,使横臂连同光管一起缓慢下降,直至测头与量块中心位置极为接近(间隙约为 0.1 mm),然后将螺钉 5 锁紧。

松开光管紧固螺钉 10,转动微动偏心手轮 9 进行微调,使光管缓慢下降,使测头与量块中心位置接触,并监视数显窗口零位指示灯,当指示灯亮时即将光管紧固螺钉 10 锁紧。

按置零按钮使仪器归零。

(5) 进行测量。按下测帽提升按钮 4,取下量块组,将被测工件放在工作台上,并在测帽下面来回移动(注意:一定要使被测轴在母线全长上与工作台接触,不得有任何跳动或倾斜),记下数显窗口显示的最大值,该值即为工件相对量块的偏离值。如图 1.4 所示,在轴的三个横截面相隔 60° 的三个方向上测取若干个实际偏差值,并由此计算实际尺寸。按轴的验收极限尺寸判断其轴径的合格性。

1.2　内尺寸的测量

内尺寸测量常用塞规、内径千分尺、游标卡尺和内径百分表等测量器具进行。

1.2.1　内径百分表的结构和测量原理

1. 内径百分表的结构

内径百分表是用相对测量法测量孔径的常用量仪。内径百分表由百分表和装有杠杆系统的测量装置表架组成。它可测量 6~1000 mm 内的内尺寸,特别适宜于测量深孔。

图 1.5 是内径百分表的结构图,百分表是其主要部件。百分表是借助于齿轮齿条传动机构或杠杆齿轮传动机构将测杆的线位移转变为指针回转运动的指示量仪。

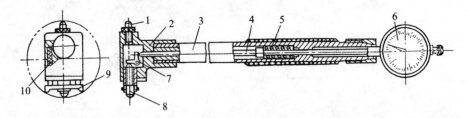

图 1.5　内径百分表

1—可换测量头;2—壳体;3—套筒;4—传动杆;5—弹簧;6—百分表;7—杠杆;8—活动测量头;9—定位装置;10—弹簧

表架壳体 2 上一端安装可换测量头 1,它可以根据被测孔的尺寸大小更换,另一端安装活动测量头 8;百分表 6 的测量杆与传动杆 4 始终接触;弹簧 5 用于控制测量力,并经传动杆 4、杠杆 7 向外顶着活动测量头 8。测量时,活动测量头 8 移动,使杠杆 7 回转,通过传动杆推动百分表 6 的测量杆,使百分表指针偏转。由于杠杆 7 是等臂的,当活动测量头移动 1 mm 时,传动杆也移动 1 mm,推动百分表指针回转一圈,因此活动测量头的移动量可在百分表上读出来。

定位装置 9 起找正直径位置的作用,因为可换测量头 1 和活动测量头 8 的轴线为定位装置的中垂线,此定位装置可保证可换测量头和活动测量头的轴线与被测孔的轴线重合。

内径百分表活动测量头允许的移动量很小,它的测量范围是由更换或调整可换测量头的长度来实现的。

测量头在孔的纵断面上也可能倾斜,所以在测量时应将量杆左右摆动,如图 1.6 所示,以百分表指针所指的最小值作为实际尺寸。

2. 百分表的测量原理

百分表的传动机构如图 1.7 所示。当具有齿条的测量杆 5 上下移动时,移动量经齿轮 1、2 传递给中间齿轮 3 及与齿轮 3 同轴的指针 8,由指针在刻度盘 9 上指示出相应的示值。测量杆移动 1 mm,指针转动一圈。刻度盘沿圆周刻有 100 条等分刻度,因此测量杆上下移动 0.01 mm,指针转一格,即分度值为 0.01 mm。这样,就通过齿轮传动系统,将测量杆的微小位移放大并转变为指针的偏转。为了消除齿轮传动系统中由齿侧间隙引起的测量误差,在百分表内装有游丝 7,由游丝产生的扭转力矩作用在大齿轮 6 上,大齿轮 6 也与中间齿轮 3 啮合,这样可以保证齿轮在正、反转时都在同一齿侧面啮合。弹簧 4 用于控制百分表的测量力。

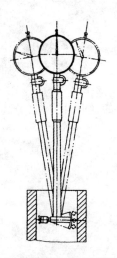

图 1.6　用内径百分表测取读数

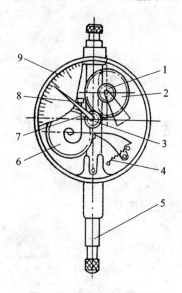

图 1.7　百分表传动机构

1、2—齿轮;3—中间齿轮;4—弹簧;5—测量杆;
6—大齿轮;7—游丝;8—指针;9—刻度盘

1.2.2　内径百分表的测量方法

1. 预调整

在测量前,首先要将百分表装入量杆内,预压缩 1 mm 左右(百分表的小指针指在 1 mm 的附近),然后锁紧。

根据被测内孔的公称尺寸,选择相应的可换测量头,旋入量杆头部,调整可换测量头的位置,使可换测量头与活动测量头之间的长度大于被测尺寸 0.5~1 mm(以确保测量时活动测量头能在由公称尺寸限定的一定范围内自由运动),然后用专用扳手锁紧可换测量头的锁紧螺母。

2. 校对零位

因内径百分表是基于比较测量法的测量器具,故在使用前必须用其他测量器具作为标准,根据被测件的公称尺寸校对内径百分表的零位。校对零位的常用方法有以下三种。

(1)用量块和量块附件校对零位。按被测零件的公称尺寸组合量块,并将被测零件装夹在量块的附件中,将内径百分表的两测头放在量块附件两量脚之间,摆动量杆使百分表读数最小,然后转动百分表的滚花环,将刻度盘的零刻线转到与百分表的长指针对齐。这样的零位校对方法能保证零位校对的准确度及内径百分表的测量精度,但该方法操作比较麻烦,且对量块的使用环境要求较高。

(2)用标准环规校对零位。按被测件的公称尺寸选择名义尺寸相同的标准环规,按标准环规的实际尺寸校对内径百分表的零位。此方法操作简便,并能保证校对零位的准确度。因为需使用专用的标准环规,故此方法只适用于检测生产批量较大的零件。

(3)用外径千分尺校对零位。按被测零件的公称尺寸选择测量范围适当的外径千分尺,将外径千分尺调至被测零件的公称尺寸并锁紧,将内径百分表的两测头放在外径千分尺两测量砧之间校对零位。因受外径千分尺精度的影响,用这种方法校对零位的准确度和稳定性均不高,从而将降低内径百分表的测量精确度。但此方法易于操作和实现,在生产现场对精度要求不高的单件或小批量零件的检测中,仍得到较广泛的应用。

3. 测量

手握内径百分表的隔热手柄,先将内径百分表的活动量头和定心护桥轻轻压入被测孔,然后再将固定量头(可换测量头)放入。当测头到达指定的测量部位时,将表微微在轴向截面内摆动(见图1.6),读出指示表最小读数,所得即为该测量点孔径的实际偏差。

测量时要特别注意该实际偏差的正、负符号:当表针指在零点的逆时针方向位置时读数值是正值,当表针指在零点的顺时针方向位置时读数值是负值。

在孔的左、中、右三个横截面相隔60°的三个方向上进行测量,共测九次,如图1.8所示,将测量数据记入测量实验报告。

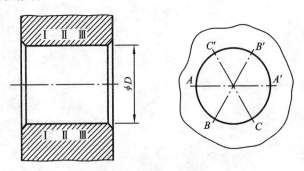

图 1.8　测量点位置

4. 数据处理

按测量实验报告的填写要求填写、整理数据,并计算被测尺寸的验收极限尺寸,根据验收极限尺寸判断其合格性。

1.3 尺寸测量的注意事项

（1）实验前一定要预习实验指导书，拟订实验方案与测量步骤，撰写实验预习报告，经指导老师检查认可后，方可进行测量实验。

（2）使用各测量仪器时要严格遵守仪器的操作规程。

（3）测量前应先擦净零件表面及仪器工作台。

（4）使用量块时要正确推合，防止划伤量块测量面；取量块时最好用竹镊子夹持或戴薄布手套，避免用手直接接触量块，以减少手温对测量精度的影响；注意保护量块工作面，禁止碰撞量块或将量块掉落在地上；量块用后，要用航空汽油洗净，用绸布擦干并涂上防锈油；测量结束前，不应拆开量块组，以便随时校对零位。

思 考 题

1. 用立式光学计测量是绝对测量还是相对测量？立式光学计能否用来测内径？

2. 用内径百分表测量是绝对测量还是相对测量？测量偏差值的正负号如何确定？

3. 如何确定量块的工作面？

4. 如何确定零件的验收极限尺寸？

第 2 章　几何误差的测量

零件各几何要素的几何精度是零件的一项重要的精度指标,因此几何误差的测量也是保证产品质量的重要方法。

对于几何误差,目前最先进的测量方法是采用三坐标测量机进行测量,利用三坐标测量机可对各种复杂形状零件的各项几何误差进行迅速的测量、处理,求得各项几何误差值。

除三坐标测量机外,零件的各项几何误差检测还可用专用量仪如水平仪、圆度仪等进行单项测量,下面分别进行介绍。

2.1　形状误差的测量

形状误差是被测提取(实际)要素的形状对其拟合(理想)要素的变动量。形状误差的检测包括对零件的直线度、平面度、圆度、圆柱度几项误差的检测。

2.1.1　直线度误差测量

直线度误差是指被测实际线对其理想直线的变动量。根据不同的给定条件,直线度误差可分为给定平面内的直线度误差、给定方向的直线度误差和任意方向的直线度误差。对较短的被测实际要素,常用光隙法和打表法测量直线度误差;对较长的实际要素(如机床导轨等),可用水平仪和自准直仪测量直线度误差。

1. 用刀口尺测量

对较短小的工件,可采用刀口尺、三棱尺等测量器具进行直线度误差测量。如图 2.1 所示,用刀口尺测量时,使刀口尺和被测表面的实际轮廓线紧密接触,转动刀口尺,使它的位置符合"最大光隙为最小"的条件,则此时最大光隙 Δ 即为被测要素的直线度误差。当光隙较小时,可利用标准光隙估读;当光隙较大时,可用厚薄规(塞尺)测量。对光隙值的估读若缺乏经验,可将量块研合在平晶上与刀口尺组成标准光隙来做比较,如图 2.1(b)所示。

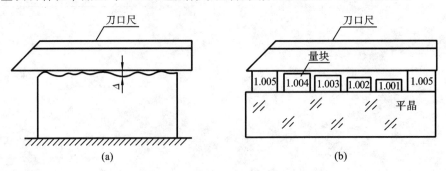

图 2.1　用刀口尺测量直线度误差

2. 用优质钢丝和测量显微镜测量

这是一种古老的测量方法,可用来测量较长机床床身导轨水平面内的直线度误差,但精度较低。由于钢丝挠度对测量结果的影响较大,在垂直平面内通常不采用此法测量。如支承距离为 18 m 时,用 8 kgf(1 kgf＝9.8 N)的拉力拉紧 ϕ0.3 mm 的钢丝,钢丝由于自重而产生的挠度为 3.5 mm。

　　测量方法如图 2.2 所示。将钢丝的一端固定,另一端用重锤拉紧,调整钢丝的两端,使得从测量显微镜中观测所得两端点位置的读数相等,从而建立一基准直线。将测量显微镜沿被测工件按节距 L 移动,在全长上进行连续测量,逐点测出被测表面在水平面内直线度误差的原始数据。

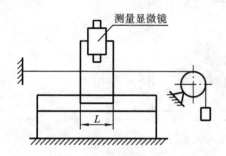

图 2.2　用钢丝和显微镜测量直线度误差

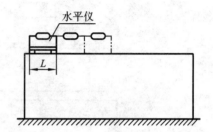

图 2.3　用水平仪测量直线度误差

3. 用水平仪测量

　　对一般的机床工作台、导轨、平板等均可采用合像水平仪、框式水平仪等进行直线度误差的测量。如图 2.3 所示,将水平仪放在桥板上,先调整被测零件,使被测要素大致处于水平位置,然后沿被测要素按节距 L 移动桥板进行连续测量。

　　用水平仪测量直线度误差时,所测数据是工件上两测点间的相对高度差。这些数据在换算到统一的坐标系上之后,才能用于作图或计算,从而求出工件的直线度误差值。由于所用测量仪器简单、操作方便,因此这种方法在实际生产中应用广泛。下面着重介绍合像水平仪的测量原理和测量方法。

　　1) 合像水平仪的结构及测量原理

　　用水平仪和自准直仪等进行的直线度误差的测量,其共同特点是测量的是实际要素的微小角度的变化。由于被测实际要素存在着直线度误差,将计量器具置于不同的被测部位,其倾斜角度就要发生相应的变化。只要节距(相邻两测点的距离)确定,这个变化的微小倾斜角与被测相邻两点的高低差就有确切的对应关系。通过逐个测量节距,得出变化的角度,再用作图或计算的方法,就可求出被测实际要素的直线度误差值。合像水平仪测量准确度高、示值范围大($\pm$10 mm/m)、测量效率高、价格便宜、携带方便,故得到了广泛的应用。

　　合像水平仪的结构如图 2.4 所示。它由底板 1、弹簧 2、水准器 3、放大镜 4、合像棱镜组 5、十进位机构 6、读数机构 7、齿轮 8、丝杠 9、手轮 10 和楔块 11 等组成。使用时,将合像水平仪放在桥板上不动(见图 2.3),再将桥板用两个等高垫块支承并置于被测实际要素上。如果被测实际要素无直线度误差并与自然水平面基准平行,水准器中的气泡将位于两棱镜的中间位置,在放大镜 4 中观察气泡边缘通过合像棱镜组 5 所产生的影像,将出现如图 2.5(a)所示的情况。但在实际测量中,由于被测实际要素的安放位置与自然水平面不平行且被测实际要素本身不直,气泡将会移动,其视场情况将如图 2.5(b)所示。此时可转动手轮 10,使楔块 11 推动水准器 3 转过一角度。当水准器转到与自然水平面平行时,气泡就返回合像棱镜组 5 的中间位置,图 2.5(b)中两气泡影像的错移 Δ 消失,气泡合像头部恢复成如图 2.5(a)所示的一个光滑的半圆头。由于水准器所转过的角度与丝杠的移动量成正比,因此读数装置所转过的格数 a 可反映水准器转角的大小,则被测实际要素相邻两点的高低差 h 和 a 有如下关系:

$$h = 0.01aL$$

式中:L 为桥板的节距。

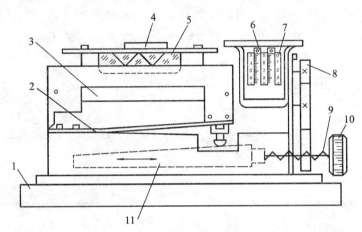

图 2.4　合像水平仪的结构

1—底板;2—弹簧;3—水准器;4—放大镜;5—合像棱镜组;6—十进位机构;
7—读数机构;8—齿轮;9—丝杠;10—手轮;11—楔块

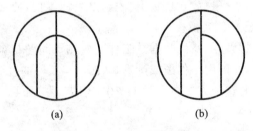

图 2.5　合像水平仪气泡图像

2)测量方法

(1)用钢卡尺量出被测实际要素的总长,划分节距 L,并作分段记号。

(2)按图 2.3 将仪器置于第一个节距上,转动水平仪手轮 10(注:有些水平仪的手轮在仪器上端),使气泡合像如图 2.5(a)所示,记下第一个读数值;再依次测量各节距,记下各读数值。注意移动仪器时,应将前一节距的后支点作为后一节距的前支点,新的支承升高或降低就引起气泡的相对移动(一般应顺测、回测各一次,取两次读数的平均值作为测量结果)。

(3)求出各测量点的相对值和累积值(格数),并记入实验报告。

(4)用作图法在坐标纸上绘制误差折线,用最小包容区域法和两端点连线法分别求出直线度误差值 f(格)。

(5)将误差值格数 f 折算成直线度误差线性值 $f_-(\mu m)$:

$$f_- = 0.01Lf$$

3)误差值的评定

例 2.1　用合像水平仪测量一窄长平面的直线度误差,仪器的分度值为 0.01 mm/m,选用的桥板节距 $L=165$ mm,测量记录数据如表 2.1 所示,要求用作图法求被测平面的直线度误差。表中相对值为 a_0-a_i，a_0 可取任意数,但要有利于数字的简化,以便于作图。本例取 $a_0=$ 497 格,累积值是将各点相对值顺序累加而得到的。

表 2.1　测量读数值

测 点 序 号	0	1	2	3	4	5
顺测读数值(格)	—	498	497	498	496	501
回测读数值(格)	—	496	493	494	494	497
平均读数值 a_i(格)	—	497	495	496	495	499
相对值 $=a_0-a_i$(格)	0	0	+2	+1	+2	−2
累积值(格)	0	0	+2	+3	+5	+3

作图方法如下:以 0 点为原点,累积值(格数)为纵坐标 y,各被测点到 0 点的距离为横坐标 x,按适当的比例建立直角坐标系;根据各测点对应的累积值在坐标上描点,将各点依次用直线连接起来,即得误差折线,如图 2.6 所示。

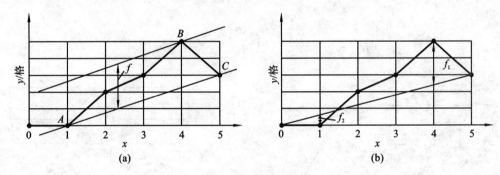

图 2.6　直线度误差的评定

(1) 用最小包容区域法评定误差值　若两平行包容直线与误差折线的接触状态符合相间准则(即"两高夹一低"或"两低夹一高"的判断准则),则这两平行包容直线沿纵坐标方向的距离为直线度误差格数。显然,在图 2.6(a)中,A、C 属于低点,B 为夹在 A、C 间的最高点,故连线 AC 和过 B 点且平行于 AC 的直线是符合相间准则的两平行包容直线。两平行线沿纵坐标方向的距离为 2.8 格,故按最小包容区域法评定的直线度误差为

$$f_{包}=0.01\times165\times2.8\ \mu m=4.62\ \mu m$$

(2) 用两端点连线法评定误差值　以折线首、尾两点的连线作为评定基准(理想要素),折线上最高点和最低点到该连线的 y 坐标绝对值之和,就是直线度误差的格数,如图 2.6(b)所示。即

$$f_{端}=(f_1+f_2)\times0.01\times L=(2.5+0.6)\times0.01\times165\ \mu m=5.115\ \mu m$$

一般情况下,用两端点连线法所得的评定结果大于用最小包容区域法所得的评定结果,即 $f_{端}>f_{包}$,只有当误差折线位于两端点连线的一侧时,两种方法的评定结果才相同,但根据国家标准《产品几何技术规范(GPS)　几何公差　检测与验证》(GB/T 1958—2017),允许用两端点连线法来近似评定直线度误差,但如发生争议,则以最小包容区域法来仲裁。

2.1.2　平面度误差测量

1. 平面度误差的测量方法

平面度误差是指被测实际平面对理想平面的变动量。测量平面度误差除可用测量直线度

误差的方法外,还可用平晶干涉法、打表测量法、液压平板法和光束平面法。

1)用打表测量法测量平面度误差

用打表测量法测量平面度误差的具体方法是:先在被测平面上沿纵横方向画好网格(四周离边缘有一定的距离),确定测点的数量和位置,再将被测零件的指示表放在标准平板上,将被测平面大体调平,以使整个平面的误差情况能从测微计中反映出来;以标准平板为测量基面,然后利用指示表按画线交点位置进行测量(见图 2.7),最后记下各测点的读数值。

2)用平晶干涉法测量平面度误差

平晶是用高品质的无铅玻璃或石英玻璃制成的。用平晶测量平面度误差利用了光的干涉原理,以平晶的工作平面体现理想平面,直接根据干涉条纹的数量或形状确定平面度误差。这种测量方法适用于高精度小平面(如量块)的测量。

测量时,将平晶贴于被测表面上,观测干涉条纹。若被测表面内凹或内凸,就会出现封闭的环形干涉条纹,如图 2.8(a)所示,平面度误差为干涉条纹数乘以光波波长之半;若为不封闭的干涉条纹,如图 2.8(b)所示,平面度误差的计算公式为

$$f = \frac{\lambda a}{2b}$$

式中:a 为干涉条纹的弯曲度;b 为干涉条纹的间距;λ 为光波波长。

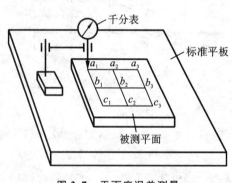

图 2.7　平面度误差测量

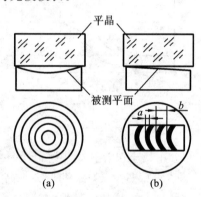

图 2.8　用平晶干涉法测量平面度误差

2. 平面度误差值的评定方法

平面度误差值的评定方法很多,常用的有以下三种。

1)三点法

以实际被测要素上任意选定的三点所构成的平面作为评定基准,并以平行于此基准平面的两包容平面之间的最小距离作为平面度误差值。用三点法评定平面度误差时,为了减少数据处理的麻烦,测量时往往在被测表面上将不在同一直线上且相距较远的任意三点调成与基准平面等高,然后取各测得值中的最大值与最小值之差作为平面度误差值。

2)对角线法

以通过实际被测要素的一条对角线,且平行于另一条对角线的平面作为评定基准,并以平行于此基准平面的两包容平面之间的最小距离作为平面度误差值。

3)最小包容区域法

两平行包容平面与实际被测要素的接触状态符合以下三种准则之一时,此两平行平面之间的距离为平面度误差值。

(1)三角形准则:一个最高(低)点的投影落在由三个等值最低(高)点所组成的三角形内。

（2）交叉准则：两个等值最高（低）点的投影分布在两个等值最低（高）点连线的两侧。

（3）直线准则：一个最高（低）点的投影位于两个等值最低（高）点的连线上。

上述几种评定平面度误差方法的评定基准不是相同的，可见评定基准不是固定不变的，它相对于被测表面的位置是人为规定的。因此在相同条件下、相同的测点上，由于选择的评定基准位置不同，可能获得的平面度误差值也不相同。如对评定结果有争议，其误差值应按最小包容区域法来评定。

例 2.2　用打表法测量一块 350 mm×350 mm 的平板的平面度，各测点的读数值如图 2.9 所示。用最小包容区域法求平面度误差值。

$$\begin{bmatrix} a_1 & a_2 & a_3 \\ b_1 & b_2 & b_3 \\ c_1 & c_2 & c_3 \end{bmatrix} = \begin{bmatrix} 0 & +15 & +7 \\ -12 & +20 & +4 \\ +5 & -10 & +2 \end{bmatrix}$$

图 2.9　各测点的读数值

用最小包容区域法求平面度误差值：

+7　⋮　−7

$$\begin{bmatrix} 0 & +15 & +7 \\ -12 & +20 & +4 \\ +5 & -10 & +2 \end{bmatrix} \rightarrow \cdots \begin{bmatrix} +7 & +15 & 0 \\ -5 & +20 & -3 \\ +12 & -10 & -5 \end{bmatrix} \quad \begin{matrix} -5 \\ \\ +5 \end{matrix} \cdots \rightarrow \begin{bmatrix} +2 & +10 & -5 \\ -5 & +20 & -3 \\ +17 & -5 & 0 \end{bmatrix}$$

⋮

经两次坐标变换后，结果符合三角形准则，故平面度误差值为

$$f = |+20 - (-5)|\ \mu m = 25\ \mu m$$

2.1.3　圆度、圆柱度误差的测量

1. 圆度误差的测量

圆度误差是指在回转体零件同一横截面内，提取被测（实际）轮廓圆对拟合（理想）圆的变动量。圆度误差可用圆度仪、光学分度头、三坐标测量机、标准环规及 V 形块与指示表等测量工具进行测量。

图 2.10 所示为用圆度仪测量圆度误差的方法：以一个精密回转轴上的一个点（测头）在回转中所形成的轨迹（即产生的理想圆）为理想要素，将被测圆与之相比较来求得圆度误差值。

2. 圆柱度误差的测量

圆柱度误差是指提取被测（实际）圆柱表面对拟合（理想）圆柱面的变动量。圆柱度是控制圆柱的横截面的圆度、轴线的直线度等的误差的综合指标。用综合指标来反映圆柱表面的质量是较理想的，也是生产发展所需要的，如对高精度的轴和孔用圆柱度这一指标进行测量控制较为合适。

对于圆柱度误差测量，主要问题是如何准确地确定圆柱体的轴线位置。目前圆柱度误差只能用近似方法进行测量，即将被测实际圆柱面沿轴线方向等距分成若干份，得到若干个横截面，测量每个横截面上的半径差，取其最大值作为被测实际圆柱面的圆柱度误差值。常用的近似测量方法有：用圆度仪测量、用光学分度头测量、用 V 形块定位打表测量和用三坐标测量机测量等。

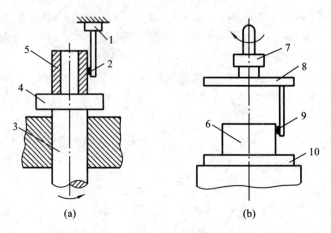

图 2.10　用圆度仪测量圆度误差

1、8—传感器;2、9—测头;3、7—回转主轴;4、10—工作台;5、6—工件

2.2　轮廓度误差的测量

　　线(或面)轮廓度误差是指提取(实际)曲线(或曲面)对拟合(理想)曲线(或曲面)的变动量。其测量方法有:轮廓样板法(用于成批生产,见图 2.11)、仿形测量法(见图 2.12)、轮廓投影法(常用于薄壁零件和较小尺寸的零件)和光学跟踪法等。

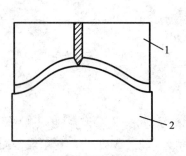

图 2.11　用样板测量轮廓度误差

1—样板;2—被测件

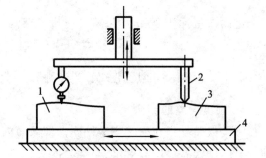

图 2.12　用样板加指示表测量轮廓度误差

1—被测件;2—导向触头;3—样板;4—往复工作台

2.3　方向、位置和跳动误差的测量

　　方向、位置和跳动误差是关联提取要素对拟合要素的变动量,拟合要素的方向或位置由基准确定。基准是确定关联提取要素间几何关系的依据,是测量和评定方向、位置和跳动误差的起点。但实际基准是存在着形状误差的,为了保证零件使用功能和提高检测精度,一般要求排除实际基准的形状误差对测量值的影响。

2.3.1　方向误差的测量

1. 平行度误差的测量

平行度误差是指关联提取要素对与其基准要素平行的拟合要素的变动量。根据提取实际要素和基准的关系,平行度误差有四种:面对面、线对面、面对线和线对线的平行度误差。

图 2.13 所示的是测量箱体轴线Ⅱ—Ⅱ对箱体轴线Ⅰ—Ⅰ在给定垂直方向和水平方向平行度误差的示意图,其测量方法如下。

(1) 将两心轴分别插入Ⅰ—Ⅰ和Ⅱ—Ⅱ孔,将箱体放置在平板上呈三角形分布的三个千斤顶(有一个在后面)上。

(2) 调整支承箱体上的三个千斤顶,使指示表在 a、b 两点的读数值相等,即使基准轴线Ⅰ—Ⅰ平行于平板。再用角尺靠在心轴Ⅱ—Ⅱ上的某一点,使被测孔实际轴线上的某一点与基准轴线Ⅰ—Ⅰ所组成的平面与平板垂直(如两心轴的直径相同,可用心轴表面上的点代替轴线上的点)。

(3) 移动指示表测量心轴Ⅱ—Ⅱ上的 M_1 和 M_2 两点,记下两点的读数差 $|M_1—M_2|$,并用钢卡尺量出两点间的距离 L_1,求得在垂直方向上的平行度误差:

$$f_y = \frac{L}{L_1}|M_1—M_2|$$

式中:L 为被测要素(轴线)的长度。

(4) 将箱体转过 90° 放在千斤顶上,重复(2)、(3)两个步骤,可求出在水平方向上的平行度误差 f_x。若测量轴线对轴线在任意方向上的平行度误差,可按上述方法分别测得 f_x 和 f_y,然后按下式计算平行度误差值:

$$f_{\parallel} = \sqrt{f_x^2 + f_y^2}$$

图 2.14 所示的是测量面对面的平行度误差的方法:将工件放在具有一定精度的平板上,以平板平面为基准,利用指示表在被测表面多处打点,指示的最大值与最小值之差即为平行度误差。

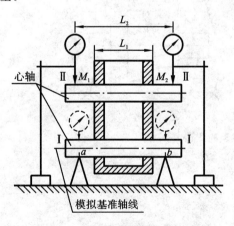

图 2.13　线对线平行度误差的测量

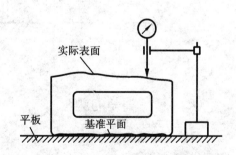

图 2.14　面对面平行度误差的测量

2. 垂直度误差的测量

垂直度误差是指关联提取要素对与其基准要素垂直的拟合要素的变动量。根据被测实际要素对基准要素的不同情况,垂直度误差也可分为四种:面对面、线对面、面对线和线对线的垂直度误差。

垂直度误差可在平板上用直角尺、圆柱角尺、方箱、水平仪及自准直仪等进行测量。在大批量生产中,也可用专用测量器具或综合量规进行检测。图 2.15 所示为面对面垂直度误差的测量方法。

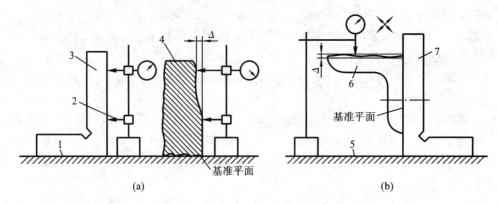

图 2.15　面对面垂直度误差的测量

1、5—平板；2—固定支承；3、7—直角尺；4、6—工件

3. 倾斜度误差的测量

倾斜度误差是指关联提取要素对一具有确定方向的基准的变动量。根据被测实际要素的不同情况，倾斜度误差也可分为四种：面对面、线对面、面对线和线对线的倾斜度误差。

倾斜度误差可用打表测量法测量，也可采用定角样板或水平仪等来进行测量。图 2.16(a)所示为一种面对面的倾斜度误差测量方法；图 2.16(b)所示为一种面对线的倾斜度误差测量方法。

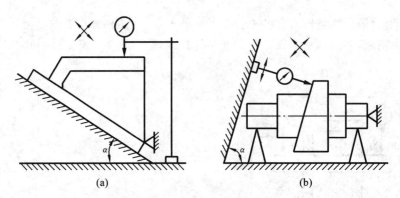

图 2.16　倾斜度误差的测量

2.3.2　位置误差的测量

1. 同轴度误差测量

同轴度误差是指关联提取被测轴线对基准轴线的偏离程度。同轴度误差是包容被测实际轴线，且与基准轴线同轴的圆柱形最小包容区域的直径。

同轴度误差可用圆度仪、三坐标测量机测量，也可用打表测量法测量，用综合量规检验。图2.17所示为用打表测量法测量同轴度误差。测量时将工件放置在两个等高的 V 形架上，沿轴截面的两条素线测量，同时记录两指示表在各对测点的读数差的绝对值，取各对测点读数差绝对值的最大值为该轴截面轴线的同轴度误差。转动工件，按上述方法测量若干个轴截面，取其中最大的误差值作为该工件的同轴度误差。图 2.17 中 M_a 和 M_b 分别表示 a 点读数和 b 点读数。

2. 对称度误差的测量

对称度误差是指关联提取被测中心要素(对称中心平面、轴线)对基准中心要素的变动量。误差的大小等于包容实际中心要素,且以基准中心要素为对称平面的两平行平面构成的定位最小区域的宽度。

对称度误差一般采用打表测量法测量,用综合量规检验。图 2.18 所示为用打表测量法测量轴键槽对称度误差,具体分两步进行。

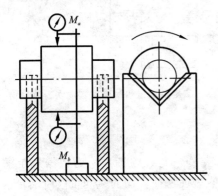 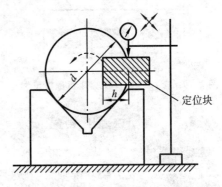

　　图 2.17　同轴度误差打表测量　　　　　　　图 2.18　对称度误差打表测量

(1) 调整被测件,使定位块沿径向与平板平行。测量定位块至平板的距离,再将被测件旋转 180° 后重复测量,得到该截面上、下两对应点的读数差 a,则该截面的对称度误差为

$$f_{截} = \frac{ah}{d - h}$$

(2) 沿键槽长度方向测量,长度方向两点的最大读数差为该零件的对称度误差:

$$f_{长} = a_{高} - a_{低}$$

取以上两个误差值中的较大者作为该零件的对称度误差。

3. 位置度误差的测量

位置度误差是指包容关联提取被测要素,并由基准要素和理论正确尺寸确定的定位最小包容区域的直径或宽度。根据被测要素的不同,位置度可分为点的位置度、线的位置度和面的位置度。

位置度误差常用打表测量法、坐标测量法等方法测量,用综合量规检验。图 2.19 所示为用综合量规检验孔组位置度误差的方法。

图 2.20 所示为用三坐标测量机测量位置度误差的示例。由三坐标测量机测得各孔实际位置的坐标值 (x_1, y_1)、(x_2, y_2)、(x_3, y_3)、(x_4, y_4),并计算出实际位置相对理论正确位置的偏差:

$$\begin{cases} \Delta x_i = x_i - \boxed{x_i} \\ \Delta y_i = y_i - \boxed{y_i} \end{cases}$$

于是,各孔的位置度误差值可由三坐标测量机按下式求得:

$$f_i = 2\sqrt{(\Delta x_i)^2 + (\Delta y_i)^2} \qquad (i = 1, 2, 3, 4)$$

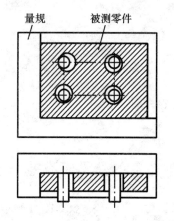

图 2.19　用综合量规检验孔组位置度误差

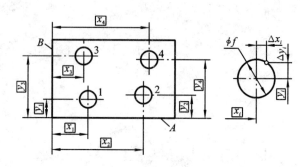

图 2.20　用三坐标测量机测量位置度误差示意图

2.3.3　跳动误差的测量

跳动误差包括圆跳动误差和全跳动误差。跳动误差测量是以检测方法为依据规定的项目,即在提取被测要素绕基准轴线回转过程中,测量被测表面法线方向的跳动量。跳动量由指示表最大与最小读数差表示。

圆跳动误差是指被测要素在某个测量截面内对基准轴线的变动量。圆跳动有径向圆跳动、轴向圆跳动和斜向圆跳动三种。

圆跳动误差常用的测量器具有跳动检查仪、偏摆检查仪(见图 2.21)、V 形块与指示表等。

全跳动误差是指整个被测要素对基准轴线的变动量。全跳动包括径向全跳动和轴向全跳动。

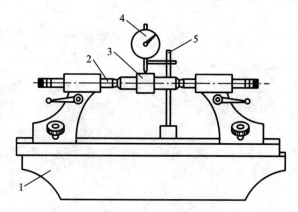

图 2.21　偏摆检查仪
1—底座;2—顶尖;3—工件;4—千分表;5—磁力表架

图 2.22 所示为测量跳动误差的例子。图 2.22(a)、(b)中被测工件安装在两同轴顶尖之间,该两同轴顶尖的中心线体现基准轴线;图 2.22(c)中被测工件安装在心轴上,心轴安装在两同轴顶尖之间,体现基准轴线。测量时,在被测工件绕基准轴线回转一周的过程中:当指示表不做轴向(或径向)移动时,可测径向圆跳动误差(或轴向圆跳动误差),一般应取三个截面进行测量,若最大值没超过圆跳动公差,则工件径向圆跳动合格;当指示表在测量中做轴向(或径向)移动时,可测得径向全跳动误差(或轴向全跳动误差)。

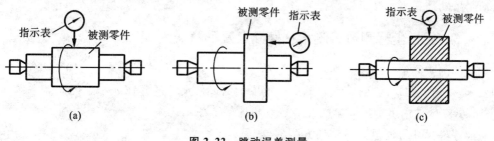

图 2.22 跳动误差测量

2.4 用三坐标测量机测量几何误差

2.4.1 三坐标测量机的结构

如图 2.23 所示,三坐标测量机由主测量机、电气控制柜、计算机、打印机和供气设备等组成。主测量机上有可多方位转动的测量头、花岗岩工作台及花岗岩导轨、气浮轴承;在三个相互垂直的方向上有导向机构、测长元件、数显装置等。三坐标测量机结构设计合理,阿贝误差小。

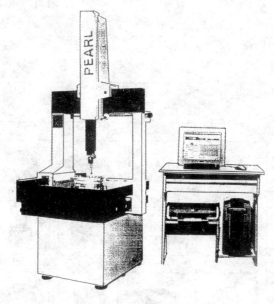

图 2.23 三坐标测量机

2.4.2 三坐标测量机的测量原理

三坐标测量机的采点发信装置是测头,在沿 x、y、z 轴的三个方向上装有光栅尺和读数头。其测量过程是:当测头接触工件并发出采点信号时,由控制系统采集当前机床三轴坐标(相对于机床原点的坐标值),再由计算机系统对数据进行处理和输出。因此三坐标测量机可以用来直接测量几何参数,也可以用来间接获得几何参数和几何误差及各种相关关系,还可以实现曲线、曲面扫描和一定的数据处理功能,可以为加工提供数据和处理加工测量结果,利用其自动测量功能还可实现批量零件的自动检测。

2.4.3　用三坐标测量机测量几何元素及形状误差

在完成测头测尖标定及建立零件坐标系以后,就可以开始进行几何元素的测量。根据图样的要求,列出要测量的几何元素,即确定要输出的零件尺寸的几何元素。因此需掌握 Tutor for Windows 软件中可测量元素的几何特点和计量特征。

一般零件尺寸可通过以下三种方法测得。

(1) 直接测量:直接测量几何元素,获得要测量的尺寸,如轴、孔的直径,圆心坐标等。

(2) 间接测量:通过被测的几何元素构造一新的几何元素,获得要测量的尺寸,如测量分布在圆周上的一系列孔而获得孔心圆的直径。

(3) 计算:通过计算几何元素之间的关系而获得要测量的尺寸,如两孔的距离、两平行平面的距离。

1. 测量元素及形状误差测量

打开 Tutor for Windows 软件,进入软件主界面。单击"直接测量",计算机系统将直接进入元素测量窗口,如图 2.24 所示。窗口中各图标代表意义如下。

Point(点):测量在找正平面内或空间的一个点的位置。

Line(线):测量在找正平面内的直线方向,也可以测量空间直线的方位。

Plane(平面):测量平面的空间方位及平面度误差。

Hole/Axis(孔/轴):测量平行于某一参考平面的内孔/外圆的圆心位置、直径和圆度误差。

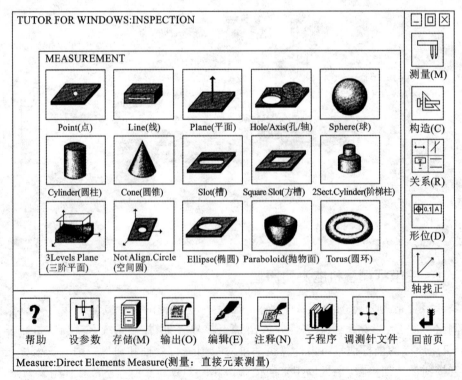

图 2.24　元素测量窗口

Sphere(球)：测量球体的球心坐标和直径。

Cylinder(圆柱)：测量圆柱轴线的空间方位、圆柱直径和圆柱度误差。

Cone(圆锥)：测量任意圆锥的锥度和轴线的空间方位。

Slot(槽)：测量平行于某一参考坐标系平面的槽的宽度和长度。

Square Slot(方槽)：测量平行于某一参考坐标系平面的方形槽的宽度和长度。

2Sect. Cylinder(阶梯柱)：测量任意同轴阶梯圆柱的轴线方向、直径和圆柱度误差。

3Levels Plane(三阶平面)：测量距离三个平行平面各一定距离的平面的空间方位。

Not Align. Circle(空间圆)：测量一个在空间任意平面内的圆的直径。

Ellipse(椭圆)：测量一个平行于某一参考平面的椭圆的中心位置和长轴、短轴长度。

Paraboloid(抛物面)：测量任意抛物面的焦点坐标及轴线空间方位。

Torus(圆环)：测量任意环的环心坐标和空间方位。

除了上述所列出的测量元素外,几何元素的测量输出还包括元素的形状误差(需采点数大于或等于最小点数)及其他所有可以通过计算而得到的尺寸。

2. 位置误差测量

位置误差测量包括确定第一个元素的定向误差或定位误差并和第二个元素进行比较,其中,第一个元素为被测元素,第二个元素为基准元素。

Tutor for Windows 允许用两种方法进行被测元素和基准元素间的位置误差检测：一是确定想要得到的测量结果,选择相应的宏过程图标,随后屏幕将指引操作者测量被测元素和基准元素；二是单独测量被测元素和基准元素并存储起来,然后利用自由过程进行位置误差的检测。

例如在三坐标测量机上测量平行度误差,在测量元素页单击形位(D)图标 ⊕ 0.1 A ,开始执行位置误差检测过程,再单击平行度图标,屏幕显示如图 2.25 所示的平行度测量窗口。

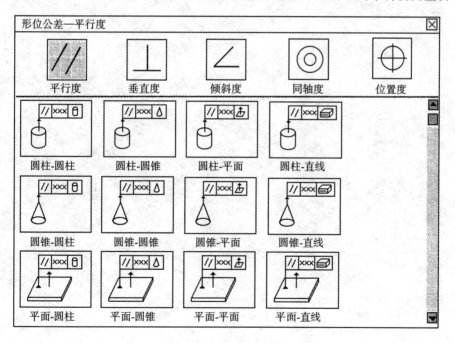

图 2.25　平行度测量窗口

　　窗口下方的十二个图标代表在平行度检测时可能出现的元素组合。图标中与框格指示线相连的元素代表被测元素,可以是圆柱、圆锥、平面或直线。公差框格中的四个元素代表基准元素,也可以是圆柱、圆锥、平面或直线。选择相应的宏过程图标,屏幕将指引操作者测量被测元素和基准元素。测量过程结束,屏幕将输出相应的平行度误差值。如需按自由过程检测,则下拉菜单,单击"自由选择",调出存储的被测元素和基准元素,即可获得相应的平行度误差值。垂直度、倾斜度等的测量方法与之类似。

思　考　题

　　1. 评定形状误差的最小条件是什么?

　　2. 若某平面的平面度误差为 f,则该平面对基准平面的平行度误差是否大于 f?

　　3. 几何误差的检测原则有哪几个? 是否都符合最小条件?

　　4. 用合像水平仪测量直线度误差,作图时的纵坐标应是相对值还是累积值?

　　5. 用跳动检查仪测量圆跳动时,一般应测量几个圆截面? 以最大值还是平均值评定其误差?

第 3 章　表面粗糙度的测量

表面粗糙度是评定产品质量的一项重要的技术指标。因此,在技术测量中表面粗糙度的测量具有很重要的地位。目前测量表面粗糙度应用较多的方法有比较法、针描法、光切法和干涉法等。

3.1　比　较　法

比较法是将工件的被测表面与已知其评定参数值的表面粗糙度比较样板(简称样板)相比较,通过视、触或其他方式进行比较后,估算出被测表面粗糙度的一种测量方法。

用样板比对的方法虽然简便、快速、经济实用,但只能定性测量,无法得到表面粗糙度的定量值。比较法的判断准确性在很大程度上取决于检验人员的经验,因此常用于车间检验。

3.1.1　表面粗糙度比较样板

表面粗糙度比较样板采用特定材料和加工方法制作,具有不同的表面粗糙度参数值。样板是检查加工后工件表面质量的一种比对量具。为了统一样板的制造和使用,保证样板的精度和质量要求,我国相继发布了六项关于样板的国家标准。

表面粗糙度比较样板有以下几种:铸造表面样板;磨、车、镗、铣、插及刨削加工表面样板;电火花加工表面样板;抛光加工表面样板;抛(喷)丸、喷砂加工表面样板。图 3.1(a)所示是刨削加工表面样板,图 3.1(b)所示是成套盒装样板。

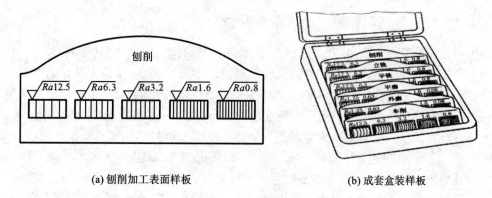

(a) 刨削加工表面样板　　　　　　　　(b) 成套盒装样板

图 3.1　表面粗糙度比较样板

3.1.2　用表面粗糙度比较样板的测量方法

在用表面粗糙度比较样板对工件表面进行比较时,可采用触觉或视觉比较方法。触觉比较是用手摸,靠感觉判断,它适用于检测 Ra 值为 $1.25\sim10\ \mu m$ 的外表面;视觉比较是靠目测或用放大镜、比较显微镜观察判断,它适用于检测 Ra 值为 $0.16\sim100\ \mu m$ 的外表面。

生产实践表明,采用不同的加工方法所形成的表面,由于表面特征不同,即使各表面的粗糙度参数值相同或接近,给人带来的视觉和触觉感受也往往不一样。因此,为了避免比较测量时的评定误差,将表面粗糙度样板分别按车、铣、刨、磨等加工方法所形成的表面特征制成,供采用相应的加工方法时做比较。另外,由于零件的材料不同或表面形式(如内孔、外圆、平面等)不同,表面粗糙度在视觉和触觉上的反映也往往不一样,这都要求在选择样板和做比较时加以注意。对于生产批量较大的零件,为了提高评定准确性,最好直接提供零件样品,将表面粗糙度经测量合格的样品作为样板使用。

要根据工件加工痕迹的深浅来确定工件被测表面粗糙度是否符合图样(或工艺)要求。当被检测工件表面的加工痕迹深度与样板工作面加工痕迹相当或者小于样板工作面加工痕迹深度时,则被检测工件表面粗糙度一般不大于样板的标记公称值。

3.2 针 描 法

针描法又称触针法。测量时利用仪器的触针在工件的被测表面上轻轻划过,由于被测表面轮廓峰谷起伏,触针将在垂直于被测轮廓表面的方向上上下移动,再通过传感器将位移变化量转换成电量的变化,经信号放大和处理后,在显示器上显示出被测表面的评定参数值。如果需要,可以打印出被测表面粗糙度轮廓曲线图。根据这种方法设计、制造的测量表面粗糙度的量仪称为精密粗糙度测量仪(或轮廓仪),有台式和手持式两种。这种测量仪具有性能稳定、测量范围广、测量迅速、测值精度高、读数显示直观、放大倍数高、使用方便,以及容易实现自动测量和可用微机进行数据处理等优点,因此在计量室和生产现场都获得了广泛应用。

精密粗糙度测量仪根据转换原理的不同,又可分为电感式、电容式、压电式等形式。除上述形式的粗糙度测量仪外,还有光学触针精密粗糙度测量仪,它适用于非接触测量,可避免划伤被测零件表面,适用于平面、圆柱面、圆锥面、球面、曲面,以及小孔、沟槽等形状的工件表面的测量。精密粗糙度测量仪适用于测量 Ra 值为 $0.02\sim5$ μm 的表面的粗糙度。

3.2.1 台式精密粗糙度测量仪测量原理

精密粗糙度测量仪一般由传感器、驱动箱、底座平板、计算机及打印机等主要部件组成。

图 3.2 是 JB-4C 型精密粗糙度测量仪的示意图。由图可见,该仪器由花岗岩平板 15、工作台 16、传感器 1、驱动箱 3、显示器 6、计算机主机 7 和打印机 8 等组成。JB-4C 型精密粗糙度测量仪通过数据处理可测量多种表面粗糙度参数值,还能对一些特殊表面如沟槽面、球面、波纹管面等进行测量。其中驱动箱 3 提供了一个行程为 60 mm 的高精度直线基准导轨,传感器 1 沿导轨做直线运动,驱动箱 3 可通过顶部水平调节钮在 ±10° 的范围内做水平调整。仪器带有计算机及专用测量软件,可选定被测零件的不同位置,设定各种测量长度进行自动测量,并可显示轮廓的各种表面粗糙度参数值及轮廓支承长度率曲线等,也可将测量结果打印出来。

JB-4C 型精密粗糙度测量仪中的传感器为电感式传感器,它是精密粗糙度测量仪的主要部件之一,其工作原理如图 3.3 所示。在传感器测杆的一端装有金刚石触针,触针尖端曲率半径 r 很小($2.5\sim12.5$ μm),测量时将触针搭在工件上,与被测表面垂直接触,利用驱动箱以一定的速度拖动传感器。由于被测表面轮廓峰谷起伏,触针以一定测力和速度均匀地沿直线在被测表面滑行时将上下移动。此运动经支点使铁芯同步上下运动,从而使包围在铁芯外面的两个差动电感线圈的电感量发生变化,将触针微小的垂直位移转换成比例的电信号;计算机主机采集该信号,然后对其进行放大、整流、滤波,经模/数(A/D)转换得到数字信号并进行数

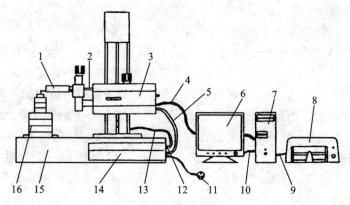

图 3.2　JB-4C 型精密粗糙度测量仪

1—传感器；2、4、5、9、10、13—电缆；3—驱动箱；6—显示器；7—计算机主机；
8—打印机；11—电源插座；12—开关；14—控制盒；15—花岗岩平板；16—工作台

据处理；由显示器显示出所测 Ra 值；用打印机打印出被测表面粗糙度轮廓曲线图。该仪器的
工作原理如图 3.4 所示。

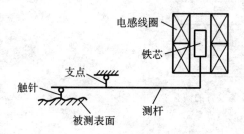

图 3.3　电感式传感器工作原理

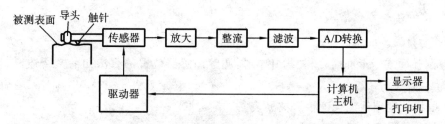

图 3.4　JB-4C 型精密粗糙度测量仪的工作原理

计算机主机用于控制传感器和驱动器工作，采集和处理数据等。

安装在传感器上的导头用于保护触针，并使传感器移动方向与被测表面保持平行。

3.2.2　台式精密粗糙度测量仪测量方法

1. 调整量仪

（1）电缆连接　按图 3.2 把传感器接杆、控制盒、驱动箱、显示器与计算机及打印机连接
起来。

（2）软件运行　打开计算机及控制盒开关，进入测量程序，随后计算机启动，进入操作界
面。移动鼠标，使箭头对准 JB-4C 型精密粗糙度测量仪的快捷方式图标，双击鼠标右键就可以
启动应用程序。

　　（3）传感器位置的调整　　如图 3.5 所示，按下控制盒面板左侧的向下箭头按键，可以接通电动机，带动丝杠 8 转动，从而使驱动箱 10 向下移动；当传感器触针和工件接触时触针即自动停止运动，观察显示屏上 y 坐标轴上的红点，旋转高低调节旋钮 6，使红点落在零位附近，然后按下控制盒面板左、右箭头按键或用鼠标单击菜单中的"左移"或"右移"键，保证传感器在有效滑行范围内，不超出线性区。也可通过旋转高低调节旋钮 6 调整传感器的上下位置、调节角度调节旋钮 7 来改变驱动箱倾角，或通过调节工作台等办法调整传感器位置。在测量圆弧面零件时，通过调节传感器上下位置和调节工作台 x、y 轴移动丝杠（见图 3.6），使圆弧面最低点与触针接触，观察显示器 y 坐标轴上的红点，使之位于 y 坐标轴下侧，接近线性区底部。如测球形面，则使其最高点与触针接触，使红点位于 y 轴上侧接近线性区顶部。而测平面时，需将红点调节到 y 轴坐标原点。

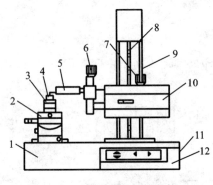

图 3.5　传感器位置的调整

1—平板；2—工作台；3—V 形块；4—工件；
5—传感器；6—高低调节旋钮；7—角度调节旋钮；
8—丝杠；9—立柱；10—驱动箱；11—开关；12—控制盒

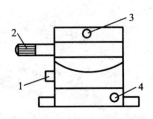

图 3.6　工作台调整

1—摆动旋钮；2—x 轴移动丝杠；
3—y 轴移动丝杠；4—转动旋钮

2. 测量方法

1）测量圆弧面或球形面

测量圆弧面或球形面时，要先找好中心，调整传感器位置的方法如前文所述，然后按以下要求设置参数。

（1）取样长度和评定长度根据被测表面质量选取。

（2）传感器类型设置为"标准"。

（3）测量结果设置为"曲线"。

接着进行采样。采样结束后，传感器自动停止移动，显示器同步显示被测工件的表面轮廓图形。为了保证测量精度，应尽量扩大线性区内参与运算的数据范围。x 坐标显示为滚道宽度，y 坐标显示为滚道深度。

采样结束后，移动鼠标使箭头指向滚道线性区左侧，单击鼠标左键，屏幕上显示一条竖直线，再移动鼠标指向右侧并单击，计算机就把两个采样点之间的数据存入内存。用鼠标单击菜单中的"保存"命令，展开文件夹，把零件编号或命名填入"文件名"一栏中，再单击右下角的"保存"，数据便储存在测量文档中了。

2）测量平面

测量平面时，调节传感器高低位置，使触针与被测件在线性区中心接触（观察显示器，红点停在坐标原点）。根据被测件大小选择取样长度与评定长度，一般测量可选用"标准"，如测小孔内的粗糙度,参数中的传感器类型一项可选择"小孔",同时更换短触针。其余测量过程同上。

3. 测量结果的显示及打印

被测零件的测量数据保存后,单击平面或圆弧,可显示其表面粗糙度参数、放大了的轮廓线及轮廓支承长度率曲线等。值得注意的是,所取数据范围必须大于评定长度,否则只能重新设置,缩短评定长度。连接打印机后,打开打印机电源,放好打印纸,单击"打印",确定后即进入打印程序,从打印机打印出相应屏幕上的轮廓曲线及表面粗糙度测试数据。

3.2.3　手持式表面粗糙度测量仪测量原理

TR210 型表面粗糙度测量仪由导头 1、触针 2、保护套管 3、主体 4 和插座 5 组成,如图 3.7 所示。它是移动测量需要的一种手持式仪器,适用于生产现场的测量。在测量工件表面粗糙度时,首先将触针(连接在传感器上)搭放在工件被测表面上,然后启动仪器进行测量,由仪器内部的精密驱动机构带动触针沿被测表面做等速直线滑行,触针感受被测表面的粗糙度,此时工件被测表面的粗糙度会引起触针的位移,该位移又会使传感器电感线圈的电感量发生变化,从而使相敏检波器的输出端产生与被测表面粗糙度成比例的模拟信号。该信号经过放大及电平转换之后进入数据采集系统,数字信号处理(DSP)芯片对采集的数据进行数字滤波和参数计算,测量结果由显示器显示出来,如图 3.8 所示。也可将测量结果用打印机输出,或传输给个人计算机。

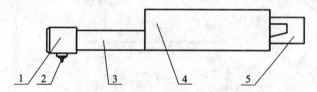

图 3.7　TR210 型表面粗糙度测量仪外形

1—导头;2—触针;3—保护套管;4—主体;5—插座

图 3.9 所示是 TR210 型表面粗糙度测量仪正面图。

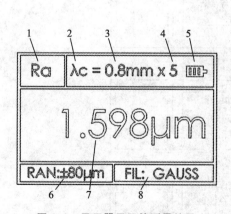

图 3.8　显示器显示的测量结果

1—参数;2—评定长度;3—取样长度;

4—取样长度个数;5—电池电量;6—量程;

7—参数值;8—滤波器

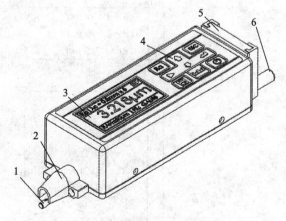

图 3.9　TR210 型表面粗糙度测量仪正面图

1—传感器;2—保护套;3—显示区;4—按键区;

5—支架体;6—锁紧螺钉

3.2.4　TR210 型表面粗糙度测量仪的测量方法

1. 调整仪器,进行测量

(1) 开机检查电池电压是否正常;当电池电压过低时,即显示屏上的电池提示符 ▯▯▯▯ 显示电压过低时,应尽快给仪器充电。本仪器使用仪器侧面的 USB(通用串行总线)口进行充电。充电时,先应保证仪器侧面的电源开关置于"ON"位置。

(2) 擦净工件被测表面,将触针正确、平稳、可靠地放置在工件被测表面上,传感器的滑行轨迹必须垂直于工件被测表面的加工纹理方向。

(3) 按下开关键 ,约 2 s 后仪器将自动开机,开机后显示器将显示仪器型号、名称及制造商信息,然后进入基本测量状态的主显示界面。

(4) 调整触针位置,尽量使触针在中间位置测量。

(5) 在主界面状态下,按启动测量键"START",开始测量。

2. 测量结果的显示及打印

测量完毕后,显示器可显示所测得的表面粗糙度参数、放大了的轮廓线及轮廓支承长度率曲线。可通过图 3.10 所示按键方式观察全部测量结果。值得注意的是,所取数据范围必须大于评定长度,否则只能重新设置,缩短评定长度。本仪器可选配打印机,测量完毕后,如需打印测量结果可按 Ra 键进入测量结果显示界面,然后按 ▤ 键将数据传输到指定的串口打印机上进行打印。

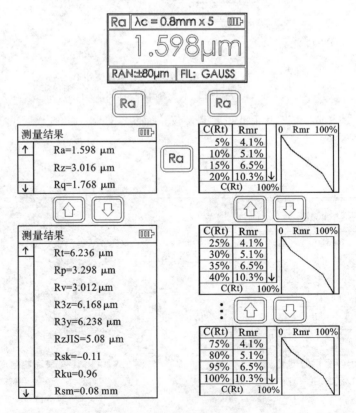

图 3.10　测量结果显示

3.3　光　切　法

　　光切法是利用光切原理测量表面粗糙度的一种测量方法,它属于非接触测量方法。采用光切原理制成的表面粗糙度测量仪称为光切显微镜(或称双管显微镜),如图 3.11 所示,它适用于测量 Rz 值为 $0.8\sim80\ \mu m$ 的平面和外圆柱面的表面粗糙度。

　　用光切显微镜可测量用车、铣、刨或其他类似方法加工的金属零件表面,但不便于检验用磨削或抛光等方法加工的零件表面。

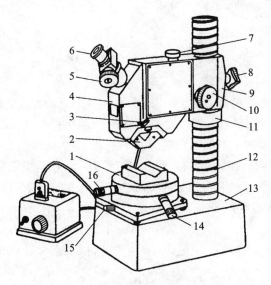

图 3.11　光切显微镜外形

1—工作台;2—物镜组;3—手柄;4—壳体;5—目镜测微鼓轮;6—目镜;7—照明灯;8—锁紧螺钉;9—横臂;
10—微调手轮;11—升降螺母;12—立柱;13—底座;14—纵向移动千分尺;15—工作台固定螺钉;16—横向移动千分尺

3.3.1　光切显微镜测量原理

　　图 3.12 是光切显微镜的测量原理图。光切显微镜具有两个轴线相互垂直的光管,左光管为观察管,右光管为照明管。在照明管中由光源 1 发出的光线经聚光镜 2、光阑 3 和物镜 4 后,形成一束平行光带。这束平行光带以与两光管轴线夹角平分线成 $45°$ 的入射角投射到被测表面上,把表面轮廓切成窄长的光带。由于被测表面上微观的粗糙度轮廓起伏不平,因此光带的形状是弯曲的。光带在 S_1 处(波峰)和 S_2 处(波谷)产生反射。S_1 处波峰和 S_2 处波谷经观察管的物镜 4 后,分别成像于分划板 5 上的 S_1' 处和 S_2' 处,由目镜 6(也具有放大作用)观察放大了的光带影像。放大了的光带影像的弯曲高度为 $S_1'S_2'$。

　　该被测表面微观的粗糙度轮廓的高度(波峰与波谷之间的高度)为 h,而光切平面内光带的弯曲高度为 S_1S_2。由图 3.12(a)所示的几何关系可知,光带的弯曲高度 $S_1S_2 = h/\cos 45°$,而在目镜中观察到的放大了的光带影像的弯曲高度 $S_1'S_2' = h_1'$,则

$$h_1' = K \cdot h/\cos 45° \tag{3.1}$$

式中:K——观察管的放大倍数。

　　光带影像的弯曲高度用目镜千分尺测量,如图 3.13 所示。下层的固定分划板 4 上的刻线尺刻有九条等距刻线,分别标着 0、1、2、3、4、5、6、7、8 九个数字;上层的活动分划板 3 上刻有一

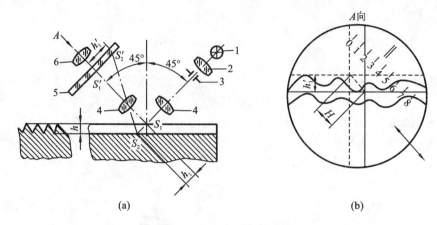

图 3.12　光切显微镜测量原理图

1—光源；2—聚光镜；3—光阑；4—物镜；5—分划板；6—目镜

对双纹刻线和呈"十"字交叉的线，双纹刻线的中心线通过交叉线的交点，且该中心线与"十"字交叉线中的两条直线均成 45°角。当转动测微鼓轮 2、利用螺杆移动活动分划板 3 时，位移的大小可从测微鼓轮 2 上读出。当测微鼓轮 2 旋转一周（100 格）时，双纹刻线和"十"字交叉线交点便相对固定分划板 4 上的刻线尺移动一个刻度间距。为了使测量和计算方便，活动分划板 3 上的"十"字交叉线中的水平线和竖直线均与其移动方向成 45°角。测微鼓轮 2 转动的格数 H 与光带影像的弯曲高度 h'_1 之间的关系为

$$h'_1 = H\cos 45° \tag{3.2}$$

由式(3.1)和式(3.2)得到被测表面轮廓的高度 h 与测微鼓轮 2 转动的格数 H 之间的关系为

$$h = H\cos^2 45°/K = \frac{H}{2K} = i \cdot H \tag{3.3}$$

式中：$i = \dfrac{1}{2K}$，它是使用不同放大倍数的物镜时测微鼓轮 2 的分度值，由量仪说明书给定或从表 3.1 中查出。表中给出的 i 值是理论值，其实际值通常用量仪附带的标准刻线尺来校定。

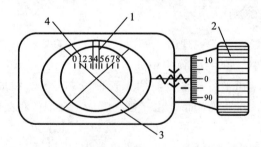

图 3.13　目镜千分尺

1—双纹刻线；2—测微鼓轮；3—活动分划板；4—固定分划板

表 3.1　物镜放大倍数与可测 Rz 值的关系

物镜放大倍数	7	14	30	60
分度值 i /(μm/格)	1.28	0.63	0.29	0.16
目镜视场直径/mm	2.5	1.3	0.6	0.3
Rz 可测范围/μm	32～125	8～32	2～8	1～2

3.3.2　光切显微镜测量方法

1. 实验步骤(参看图 3.11)

(1) 根据被测零件的表面粗糙度要求,参照仪器说明书或按表 3.1 正确选择物镜组,并将其安装在仪器投射光管和观察光管的下端。

(2) 通过变压器接通电源,使光源发光。

(3) 粗调焦。把被测工件放置在工作台 1 上。松开锁紧螺钉 8,旋转升降螺母 11,使横臂 9 沿立柱 12 向下移动,进行粗调焦,直至目镜视场中出现绿色光带和表面轮廓不平度的影像(见图 3.12(b))为止。转动工作台,使光带与被测表面的加工痕迹垂直,然后紧固锁紧螺钉 8 和工作台固定螺钉 15。要注意防止物镜与被测表面相碰,以免损坏物镜组,物镜头与被测表面之间必须留有微量的间隙。

(4) 细调焦。从目镜 6 观察光带。旋转微调手轮 10 进行微调焦,使目镜视场中央出现最为狭窄且有一边缘较清晰的光带。

(5) 松开目镜紧固螺钉,转动目镜 6,使视场中"十"字交叉线中的水平线与光带轮廓中心线大致平行(见图 3.12(b),水平线代替平行于轮廓中心线的直线),然后紧固目镜紧固螺钉,使测微目镜 6 位置固定。

(6) 根据被测表面的粗糙度级别,按国家标准《产品几何技术规范(GPS)　表面结构　轮廓法　表面粗糙度参数及其数值》(GB/T 1031—2009)的规定,选取取样长度和评定长度。

(7) 转动目镜测微鼓轮 5,在选定的取样长度范围内,使目镜中"十"字交叉线中的水平线分别与光带中轮廓各峰中的最高点和轮廓各谷中的最低点相切,如图 3.12(b)中水平虚线和实线所示。从目镜测微鼓轮 5 上读出被测表面最大轮廓峰高和最大轮廓谷深的数值,然后计算出 Rz 值。

(8) 转动工作台纵向移动千分尺 14,使工作台纵向移动,在测量长度范围内,共测出 $n(n$ 一般取 5)个取样长度的 Rz 值,取它们的平均值作为被测表面的轮廓最大高度,即

$$Rz_{(平均)} = \frac{\sum\limits_{i=1}^{n} iRz}{n} \tag{3.4}$$

(9) 按上述方法测出连续五个取样长度上的 Rz 值,若这五个 Rz 值都在图样上所规定的允许范围内,则判定为合格。若其中有一个 Rz 值超差,按最大规则评定,则判定为不合格。按 16% 规则评定,则应再测量一段取样长度。若这一段的 Rz 值不超差,就判定为合格;如果这一段的 Rz 值仍超差,就判定为不合格。

2. 注意事项

被测工件应擦净置于工作台上,使加工痕迹与光带垂直,也与工作台纵向移动方向垂直。

3.4　干　涉　法

干涉法也称干涉显微法,是指利用光波干涉原理和显微系统测量精密加工被测表面粗糙度的方法。它属于非接触测量方法。采用干涉显微法的原理制成的表面粗糙度测量仪称为干涉显微镜,如图 3.14 所示。它利用光波干涉原理反映出被测工件表面粗糙程度,由于表面粗糙度是微观不平度,因此用显微镜进行高倍放大,以便观察和测量。它适宜测量 Rz 值为

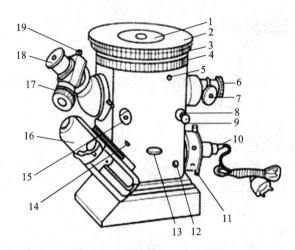

图 3.14　干涉显微镜的外形图

1—工作台；2、3、4—滚花轮；5—遮光板调节手柄(显微镜背面)；6、7、8、9、14、15—手轮；10—光源；11、19—螺钉
12—手柄；13—光阑调节手柄；16—照相机；17—目镜测微鼓轮；18—目镜

$0.025\sim 0.8~\mu m$ 的平面及外圆柱面和球面。

干涉法一般用于测量表面质量要求高的表面。

3.4.1　干涉显微镜测量原理

图 3.15(a)是干涉显微镜的光学系统图。由光源 1 发出的光线经平面镜 5 反射向上,至半透半反分光镜 9 后分成两束。一束向上射至被测表面 18 后返回,另一束向左射至参考镜 13 后返回。此两束光线会合后形成一组干涉条纹。干涉条纹的相对弯曲程度反映被测表面微观不平度的状况,如图 3.15(b)所示。仪器的测微装置可按定义测出相应的评定参数 Rz 值。

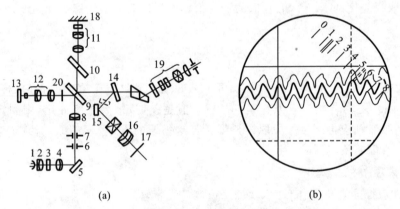

(a)　　　　　　　　　　　　(b)

图 3.15　干涉法测量原理示意图

1—光源；2、4、8、16—聚光镜；3、20—滤色片；5、15—平面镜；6—可变光阑；7—视物光阑；9—分光镜；10—补偿板；
11、12—物镜；13—参考镜；14—遮光板；17—照相机；18—被测表面；19—目镜

根据光波干涉原理,在光程差每相差半个波长 $\lambda/2$ 处即产生一个干涉条纹。因此,如图 3.16 所示,只要测出干涉条纹的弯曲量 a 与相邻两条干涉条纹的间距 b,便可按下式计算出被测零件的表面微观不平度高度值 h:

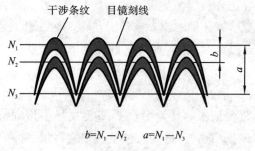

$$b=N_1-N_2 \qquad a=N_1-N_3$$

图 3.16　干涉条纹

$$h = \frac{a}{b} \cdot \frac{\lambda}{2} \tag{3.5}$$

式中：a —— 干涉条纹的弯曲量；

　　　b —— 相邻干涉条纹的间距；

　　　λ —— 光波波长（μm）。

干涉显微镜还附有照相装置，可将成像于平面玻璃上的干涉条纹拍下来，然后进行测量计算。在精密测量中常用单色光，因为单色光波长稳定。当被测表面粗糙度较低，而加工痕迹又无明显的方向性时，采用白光较好，因为白光干涉中的零次黑色条纹可清楚地显示出干涉条纹的弯曲情况，便于测量。三种单色光波长如表 3.2 所示。

表 3.2　三种单色光波长

光色	白	绿	红
波长 λ/μm	0.55	0.509	0.644

3.4.2　干涉显微镜测量方法

1. 调整量仪（参看图 3.14）

（1）通过变压器接通电源，使光源 10 发光，预热 15～30 min。

（2）调节光路。开亮灯泡，转动手轮 14 和手柄 5，使遮光板从光路中转出。如果视场亮度不均匀，可转动调节螺钉 11，使视场亮度均匀。

转动手轮 7，使目镜视场中弓形直边清晰，如图 3.17 所示。松开螺钉 19，取下目镜 18，直接从目镜管中观察，可以看到两个灯丝像。转动手轮 13，使仪器的孔径光阑开至最大；转动手轮 8 和 9，使两个灯丝像完全重合；同时，调节光源下方的螺钉，使灯丝像位于孔径光阑中央，如图 3.18 所示；然后装上目镜 18，锁紧螺钉 19。

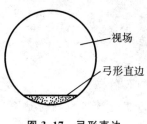

图 3.17　弓形直边

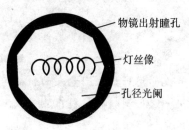

图 3.18　灯丝像

（3）安放被测工件。在工作台 1 上放置好洗净的被测工件。被测表面向下对准物镜。转动手柄 5，使遮光板进入光路，遮住标准镜。推动滚花轮 2，使工作台在任意方向上移动。转动滚花轮 4，使工作台升降，通过调节焦距，直到在目镜视场中观察到清晰的被测工件表面轮廓影像为止。再转动手柄 5，使遮光板从光路中转出。

2. 找干涉带

将手柄 12 左推到底，慢慢地来回转动手轮 6，直至视场中出现清晰的干涉条纹为止。将手柄 12 向右拉到底，就可以采用白光，得到彩色干涉条纹。如在目镜中看不到干涉条纹，可慢慢转动手轮 14，直到出现清晰的干涉条纹为止（见图 3.15（b））。转动手轮 8 和手轮 9，并配合转动手轮 6 和手轮 7，可以得到所需亮度和宽度的干涉条纹。转动滚花轮 3，使加工痕迹的方向与干涉条纹垂直。松开螺钉 19，转动目镜 18，使视场中"十"字交叉线中的一条线与干涉条纹平行，然后锁紧螺钉 19。采用单色光进行精密测量时，应先开灯半小时，待量仪温度恒定后再进行测量。

3. 测量

（1）测量干涉条纹间距 b。转动测微鼓轮 17，使视场内与干涉条纹方向平行的"十"字交叉线中的水平线对准某条干涉条纹峰的中心线（见图 3.16），这时在测微鼓轮 17 上的读数为 N_1。然后再对准相邻的另一条干涉条纹峰的中心线，读数为 N_2，则条纹间距为

$$b = N_1 - N_2 \qquad\qquad (3.6)$$

为了提高测量精度，还可以分别在不同部位测量 n 次，得到 n 个 b 值，然后取它们的平均值。这样测量的次数越多，测量精度就越高。

（2）测量干涉条纹弯曲量 a。读出 N_1 后，移动"十"字交叉线中的水平线，将其对准同一条干涉条纹谷底的中心线，读数为 N_3，则可得干涉条纹弯曲量 $a = N_1 - N_3$。按轮廓最大高度 Rz 的定义，在一个取样长度范围内，测量同一条干涉条纹的最大轮廓峰高和最大轮廓谷深，求出二者的差值，则这条干涉条纹弯曲量的值为

$$a = N_{1\max} - N_{3\min} \qquad\qquad (3.7)$$

被测表面的轮廓最大高度为 $Rz = h$，h 由公式（3.5）计算。

按上述方法测出连续五个取样长度上的 Rz，然后取其平均值，作为评定表面粗糙度的可靠数据，最后按国家标准《产品几何技术规范（GPS）　表面结构　轮廓法　评定表面结构的规则和方法》（GB/T 10610—2009）的规定（16％规则或最大规则）来评定测量结果。

思　考　题

1. 试说明用比较法测量工件被测表面粗糙度的原理和方法。

2. 用表面粗糙度比较样板测量被测表面粗糙度有何特点？

3. 试说明用针描法测量表面粗糙度幅度参数的原理和方法。

4. 用 JB-4C 型精密粗糙度测量仪测量工件表面粗糙度有何特点？

5. 用光切显微镜测量表面粗糙度时，为什么光带的上、下边缘不能同时达到最清晰的程度？

6. 为什么只测量光带中最大轮廓峰高和最大轮廓谷深？

7. 用光切显微镜能否测量表面粗糙度的算术平均偏差 Ra 值?

8. 用光波干涉原理测量表面粗糙度,就是以光波为尺子(标准量)来计量工件被测表面上微观峰谷的高度差。此说法是否正确?

9. 用光波干涉原理测量表面粗糙度的最大高度 Rz 值时分度值如何体现?

第4章　普通螺纹的测量

测量螺纹的方法有两类:单项测量和综合测量。单项测量精度高,主要用于精密螺纹、螺纹刀具及螺纹量规的测量,或在生产中分析形成各参数误差的原因时使用。综合测量效率高,适合成批生产和精度不太高的螺纹件的测量。

4.1　普通螺纹的综合测量

综合测量时,根据螺纹中径合格性的判断准则(泰勒原则),使用螺纹量规(综合极限量规)进行测量,它们都是由通规(通端)和止规(止端)组成的。光滑极限量规用于检验内、外螺纹顶径尺寸的合格性;螺纹量规的通规用于检验内、外螺纹作用中径及底径的合格性,螺纹量规的止规用于检验内、外螺纹单一中径的合格性。检验内螺纹用的螺纹量规称为螺纹塞规,检验外螺纹用的螺纹量规称为螺纹环规。

图 4.1 表示用螺纹环规和光滑极限卡规检验外螺纹的情况。光滑极限卡规用来检验螺栓大径的极限尺寸,通端螺纹环规用来控制外螺纹的作用中径和小径的最大尺寸,合格的外螺纹都应被通端螺纹环规顺利地旋入,以保证外螺纹的作用中径不超出最大实体牙型的中径,即 $d_{2m} \leq d_{2max}$,同时外螺纹的小径也不超出其最大极限尺寸,即 $d_{1a} \leq d_{1max}$;止端螺纹环规用来控制外螺纹的实际中径,其牙型被做成截短的不完整的牙型,长度缩短,只有 2~3.5 扣牙。合格的外螺纹不应完全通过止端螺纹环规,但仍允许旋合一部分。具体规定是:对于牙数小于 4 的外螺纹,止端螺纹环规的旋合量不得多于 2 牙;对于牙数大于 4 的外螺纹,止端螺纹环规的旋合量不得多于 3.5 牙。若外螺纹没有完全通过止端螺纹工作环规,说明其单一中径没有超出最小实体牙型的中径,即 $d_{2单-} \geq d_{2min}$。

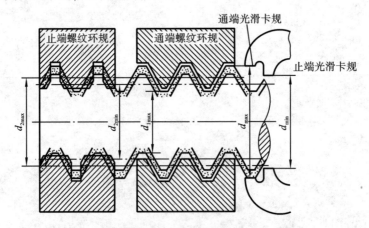

图 4.1　用螺纹环规和光滑极限卡规检验外螺纹

图 4.2 表示用塞规检验内螺纹的情形。光滑极限塞规用来检验螺母小径的极限尺寸,与用塞规检验光滑圆孔内径一样。通端螺纹塞规用来控制螺母的作用中径及大径最小尺寸,合格的内螺纹都应被通端螺纹塞规顺利地旋入,以保证内螺纹的作用中径未超出最大实体牙型的中径,即 $D_{2m} \geq D_{2min}$,同时内螺纹的大径也不小于它的最小极限尺寸,即 $D_a \geq D_{min}$;止端螺

塞规用来控制螺母的实际中径,合格的内螺纹应不完全通过止端螺纹塞规,以保证其单一中径不超出最小实体牙型的中径,即 $D_{2\text{单}-} \leqslant D_{2\text{max}}$。

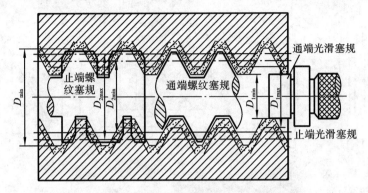

图 4.2　用螺纹塞规和光滑极限塞规检验内螺纹

4.2　普通螺纹的单项测量

在单件小批量生产中,特别是对高精度螺纹、螺纹类刀具及螺纹量规,常采用单项测量方式,即每次只测量螺纹的一项几何参数,并以所得实际值来判断螺纹该项参数的合格性。普通螺纹在进行工艺分析时也需进行单项测量。

单项测量一般是指对螺纹中径、螺距及牙型半角的测量。常用的测量工具有量针、螺纹百分尺和工具显微镜。

4.2.1　用三针测量法测量

1. 测量原理

三针测量法是一种间接测量中径的简易方法。测量时将直径相同的三根量针(见图 4.3(a))放在被测螺纹的沟槽里,其中两根放在同侧相邻的沟槽里,另一根放在前两根量针对面的中间沟槽内,如图 4.3(b)所示。用杠杆千分尺测出量针外廓最大距离 M 值,根据已知的螺距 P、牙型半角 $\alpha/2$ 及量针直径 d_0 的数值,计算出中径 $d_{2\text{单}-}$。由图 4.3(b)可知

$$M = d_2 + 2(A-B) + d_0 \qquad\qquad (4.1)$$

且

$$A = \frac{d_0}{2\sin\dfrac{\alpha}{2}}, \quad B = \frac{P}{4}\cot\frac{\alpha}{2}$$

代入式(4.1),经整理得

$$d_2 = M - d_0\left[1 + \frac{1}{\sin\dfrac{\alpha}{2}}\right] + \frac{P}{2}\cot\frac{\alpha}{2}$$

对于公制螺纹,$\alpha=60°$,有

$$d_{2\text{单}-} = M - 3d_0 + 0.866P = M - C_{60}$$

对于梯形螺纹,$\alpha=30°$,有

$$d_{2\text{单}-} = M - 4.8637d_0 + 1.866P = M - C_{30}$$

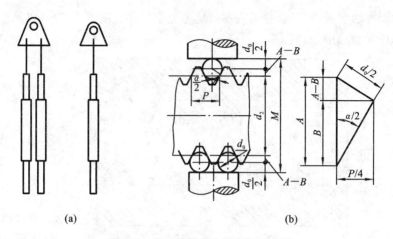

(a)　　　　　　　　　　　　　　　(b)

图 4.3　用三针测量法测量螺纹中径

目前量针尺寸已标准化,对应不同的螺距,相应的标准量针直径 d_0 和 C 值可由表 4.1 和表 4.2 查得。

表 4.1　普通螺纹标准量针直径 d_0 值和 C_{60} 值　　　　　　　　　　(mm)

螺距 P	标准量针直径 d_0	C_{60}	螺距 P	标准量针直径 d_0	C_{60}
0.2	0.118	0.181	1.25	0.724	1.090
0.25	0.142	0.210	1.5	0.866	1.299
0.3	0.172	0.256	1.75	1.008	1.509
0.35	0.201	0.300	2	1.157	1.739
0.4	0.232	0.350	2.5	1.441	2.158
0.45	0.260	0.390	3	1.732	2.598
0.5	0.291	0.440	3.5	2.020	3.029
0.6	0.343	0.509	4	2.311	3.469
0.7	0.402	0.600	4.5	2.595	3.888
0.75	0.433	0.650	5	2.886	4.328
0.8	0.461	0.690	5.5	3.177	4.768
1.0	0.572	0.850	6	3.468	5.208

表 4.2　梯形螺纹标准量针直径 d_0 值和 C_{30} 值　　　　　　　　　　(mm)

螺距 P	标准量针直径 d_0	C_{30}	螺距 P	标准量针直径 d_0	C_{30}
2	1.047	1.360	12	6.212	7.821
3	1.553	1.955	16	8.282	10.425
4	2.071	2.609	20	10.358	13.058
5	2.595	3.291	24	12.423	15.638
6	3.106	3.911	32	16.565	20.855
8	4.141	5.213	40	20.706	26.068
10	5.176	6.515			

为了减少螺纹牙型半角误差对测量结果的影响,应使选用的量针与螺纹牙侧在中径处相切,如图 4.4 所示。此时的量针称为最佳量针,其直径为 $d_{0最佳}$,有

$$d_{0最佳} = \frac{P}{2\cos\frac{\alpha}{2}}$$

对于公制螺纹,有

$$d_{0最佳} = 0.577P$$

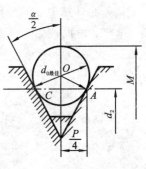

图 4.4　用最佳量针测量

2. 测量步骤

(1) 根据被测螺纹的公称直径、螺距和公差带代号,按国家标准《普通螺纹　公差》(GB/T 197—2018)查出中径的上、下偏差,并计算中径的公称尺寸(对于普通螺纹,$d_2 = d - 0.6495P$)。

(2) 根据被测螺纹的螺距,计算并选择最佳量针或标准量针直径。

(3) 擦净被测螺纹,并将其夹持在支架上。

(4) 擦净杠杆千分尺,并调整其零位。

(5) 将量针分别放入螺纹沟槽内,旋转杠杆千分尺的微分筒,使两测头与量针接触,然后读出 M 值。

(6) 在同一截面相互垂直的两个方向上分别测出 M 值,并将其平均值代入公式,计算出螺纹实际中径。

(7) 判断被测螺纹中径的合格性。

4.2.2　用螺纹百分尺测量

1. 螺纹百分尺的结构及测量原理

螺纹百分尺用来测量外螺纹中径,适用于工序间的检验或低精度的外螺纹制件的检验。其构造与外径千分尺相似,只是其测头有区别,螺纹百分尺的测杆上安装了用于不同螺纹牙型和不同螺距的成对配套的测头,如图 4.5 所示。

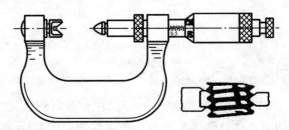

图 4.5　螺纹百分尺的结构

螺纹百分尺测头的形状和螺纹的基本牙型相吻合。一端为 V 形测头,测量时与螺纹凸起部分相吻合;另一端为圆锥形测头,测量时与对径位置的螺纹沟槽部分相吻合。测头可以根据需要更换,每把螺纹百分尺配有几对测头,用来测量螺距在一定范围内的螺纹,使用时根据螺距的大小,按量具盒内的附表成对选用。螺纹百分尺有 0～25 mm 至 325～350 mm 等数种规格。

2. 用螺纹百分尺测量外螺纹中径的测量步骤

(1) 根据被测螺纹的公称直径、螺距及公差带代号,按 GB/T 197—2018 查出中径的上、

下偏差并计算中径的公称尺寸和极限尺寸。

（2）根据被测螺纹的公称直径，选择合适的螺纹百分尺，再根据其螺距，选择一对合适的测头，擦干净后将 V 形测头插入尺架尾孔，将圆锥形测头插入主测量杆孔，并校正零位。

（3）擦干净被测螺纹，并将其放入两测头之间，找正中径部位进行测量读数，所得值即为螺纹中径的实际尺寸。

（4）根据中径的极限尺寸来判断被测螺纹中径是否合格。

4.2.3 用大型工具显微镜测量

1. 测量原理

工具显微镜适用于测量线性尺寸及角度，可测量螺纹、样板和孔、轴等。按测量精度和测量范围，工具显微镜分为小型、大型和万能工具显微镜。在工具显微镜上使用的测量方法有影像法、轴切法、干涉法等。图 4.6 所示为大型工具显微镜。

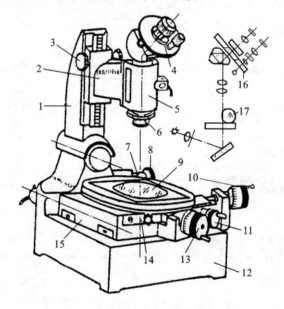

图 4.6　大型工具显微镜

1—立柱；2—横臂；3—粗调焦手轮；4—目镜；5—显微镜；6—微调焦环；7—螺旋读数套；
8—立柱倾斜手轮；9—工作台；10—纵向螺旋测微器；11—工作台旋转手轮；12—底座；
13—横向螺旋测微器；14—横向滑板；15—纵向滑板；16—分度盘；17—工件

如图 4.6 所示，底座 12 上装有玻璃工作台 9，工作台可以沿纵、横两相互垂直的方向移动；测微器 10 和 13 分别用来移动和读出纵向和横向移动的距离，测微器测量范围为 0～25 mm，分度值为 0.01 mm。为了扩大测量范围，在滑板 15 和滑板 14 与测微器之间加上不同尺寸的量块，从而将工作台纵向最大移动距离增大至 150 mm，横向最大移动距离增大至 50 mm。

旋转手轮 11，借助一对圆锥齿轮的传动可以使工作台在水平面内旋转 360°，转过的角度可以由工作台的圆周刻度及固定游标读出，游标的分度值为 1'。

旋转手轮 3，使横臂 2 沿立柱 1 上下移动，进行显微镜的焦距粗调。精调焦距可旋转微调焦环 6，通过一套多头螺纹传动来完成。旋转手轮 8 可使立柱绕轴心左右倾斜。显微镜主光轴倾斜，便于进行复杂轮廓的测量。倾斜角可由螺旋读数套 7 读出，倾斜角度范围为 −12°～12°。

大型工具显微镜的光学系统图见图 4.6 右上角。由光源发出的光束经滤色片、可变光阑后经反射镜竖直向上,照亮透明工作台上的被测工件 17(工件由附件——两端顶尖固定在工作台上,图中未画出),通过物镜使放大的工件轮廓在目镜圆分度盘 16(即玻璃分划板)上成像,这样,通过目镜不仅可以观察到被测工件的轮廓阴影,而且还可以看到交叉刻线,再配合工作台的移动就可以进行测量了。

用来测量角度和复杂形状轮廓的测角目镜头结构如图 4.7(a)所示,从中央目镜 3 中可见到装在壳体 2 中的"米"字形刻线(见图 4.7(b))。当转动手轮 1 时,"米"字形刻线以交点为旋转中心转动。旋转的角度值由角度目镜 4 读出。在角度目镜视场中,可看到刻在分划板圆周上的 0°～360°的角度值刻线。转动手轮 1,角度值刻线绕回转中心转动。"分"值分划板是固定的,分划板上将代表 1°的刻线间隔细分为 60 等份,每份代表 1′(见图 4.7(c)),读数时按"度"值的指示线与"分"值某刻线重叠位置,读出"度"值与"分"值。图 4.7(c)所示的角度读数值为 121°35′。

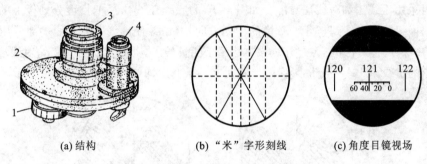

(a) 结构　　　　　　　(b) "米"字形刻线　　　　　(c) 角度目镜视场

图 4.7　测角目镜头
1—手轮;2—壳体;3—中央目镜;4—角度目镜

2. 测量步骤

1) 接通电源,调节视场及焦距(参见图 4.6)

通过变压器接通电源后,转动目镜 4 上的视场调节环,使视场中的"米"字形刻线清晰。把调焦棒(见图 4.8)安装在两个顶尖间,顶紧,但可微转动。移动工作台,使调焦棒中间小孔内的刀刃成像并显示在目镜 4 的视场中。松开锁紧螺钉,之后用粗调焦手轮 3 使横臂 2 缓慢升降,直至调焦棒内的刀刃清晰地成像并显示在目镜 4 的视场。然后取下调焦棒,将被测螺纹工件安装在两个顶尖之间。

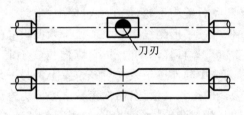

图 4.8　用调焦棒对焦示意图

2) 选取光阑孔径,调整光阑大小

根据被测螺纹的中径,选取适当的光阑孔径,调整光阑大小。光阑孔径系列值见表 4.3。

表 4.3　光阑孔径(牙型角 $\alpha = 60°$)

螺纹中径 d_2/mm	10	12	14	16	18	20	25	30	40
光阑孔径/mm	11.9	11	10.4	10	9.5	9.3	8.6	8.1	7.4

3) 立柱倾斜方向、角度的调整

利用立柱倾斜手轮 8 将立柱按螺纹升角倾斜,使被测牙廓侧的影像清晰可见。螺纹升角 ϕ 按下式计算:

$$\phi = \arctan \frac{nP}{\pi d_2}$$

式中:n——螺纹线数;

　　P——螺距理论值(mm);

　　d_2——中径公称尺寸(mm)。

倾斜方向视螺纹旋向(右旋或左旋)确定。测量中径、螺距、牙型半角时均需使立柱倾斜角度 ϕ。

4) 测量瞄准方法

测量时采用压线法和对线法瞄准。如图 4.9(a)所示,压线法是把目镜分划板上的"米"字形刻线中间的虚线 A—A 转到与牙廓影像的牙侧方向一致,并使虚线 A—A 的一部分压在牙廓影像之内,另一部分位于牙廓影像之外。该方法用于测量长度。如图 4.9(b)所示,对线法是使"米"字形刻线中的虚线 A—A 与牙廓影像的牙侧间有一条宽度均匀的细缝。该方法用于测量角度。

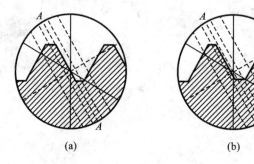

图 4.9　瞄准方法

5) 测量螺纹各参数

(1) 螺纹中径 $d_{2实际}$ 的测量　测量中径是沿螺纹轴线的垂直方向测量螺纹两个相对牙廓侧面间的距离,如图 4.10 所示。

测量时应先将立柱旋转一个螺纹升角,使被测牙廓侧的影像清晰可见,然后在纵、横两个方向上移动工作台,并转动测角目镜头手轮,使中央目镜中"米"字形刻线的中间那条虚线与螺纹某一牙侧的影像重合,并使"米"字形刻线中心大致位于牙型边缘的中央(图中牙侧 I 处),记下横向螺旋测微器的第一次读数。再移动横向滑板(纵向位置不能移动),并使立柱反向倾斜一个螺旋升角,使"米"字形刻线中间那条虚线与对径位置上的另一牙侧影像对准重合(图中牙侧 II 处),记下横向螺旋测微器的第二次读数,两次读数之差即为螺纹的实际中径。

为了消除被测螺纹轴线与量仪测量轴线不重合所引起的安装误差的影响,应在牙廓左、右侧面分别测出 $d_{2左}$ 和 $d_{2右}$,取两者的平均值作为中径的实际尺寸 $d_{2实际}$,即

$$d_{2实际} = (d_{2左} + d_{2右})/2$$

(2) 牙型半角的测量　牙型半角是指在螺纹牙型上,牙侧与螺纹轴线的垂线间的夹角。螺纹牙型半角的测量如图 4.11 所示。

测量时使"米"字形刻线的中央虚线与牙侧 I 处的影像重合(立柱同样要倾斜一个螺纹升角),在测角目镜的角度目镜中读出角度值,该值即为牙型半角的实际值 $\left(\frac{\alpha}{2}\right)_{\mathrm{I}}$;使"米"字形刻

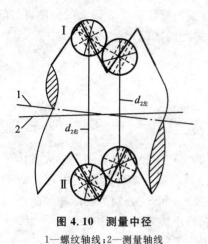

图 4.10　测量中径

1—螺纹轴线；2—测量轴线

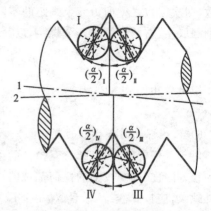

图 4.11　测量牙型半角

1—螺纹轴线；2—测量轴线

线的中央虚线与牙侧 Ⅱ 处的影像重合,读出半角的实际值 $\left(\dfrac{\alpha}{2}\right)_{Ⅱ}$。同样,为消除被测螺纹的安

装误差对测量结果的影响,还应在 Ⅲ、Ⅳ 两处读出半角的实际值 $\left(\dfrac{\alpha}{2}\right)_{Ⅲ}$ 和 $\left(\dfrac{\alpha}{2}\right)_{Ⅳ}$。对螺纹轴线

两边属于同向螺旋面上的牙侧角的两个读数取平均值,将所得值作为螺纹的实际牙型半角,即

$$\left(\frac{\alpha}{2}\right)_{左} = \frac{\left(\dfrac{\alpha}{2}\right)_{Ⅰ} + \left(\dfrac{\alpha}{2}\right)_{Ⅲ}}{2}$$

$$\left(\frac{\alpha}{2}\right)_{右} = \frac{\left(\dfrac{\alpha}{2}\right)_{Ⅱ} + \left(\dfrac{\alpha}{2}\right)_{Ⅳ}}{2}$$

左、右实际牙型半角与基本牙型半角(普通螺纹为 30°)之差,即为牙型半角误差。

通常牙型半角的测量可与中径测量同时进行,即在横向测微器上读数的同时,在角度目镜中读出角度值。

(3) 螺距的测量　螺距是指相邻两同侧牙廓侧面在中径线上的轴向距离,如图 4.12 所示。

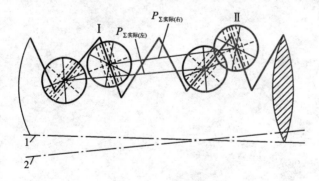

图 4.12　测量螺距

1—螺纹轴线；2—测量轴线

测量时同样要将立柱倾斜一个螺纹升角,并应先在纵、横两个方向上移动工作台,转动中央目镜中的"米"字形刻线,使"米"字形刻线中间那条虚线与螺纹某一牙侧的影像重合(图4.12中牙侧 Ⅰ 处),记下纵向螺旋测微器的第一次读数,再移动纵向滑板(沿横向不能移动)几个螺距,使"米"字形刻线中间虚线与同侧牙型重合(图中牙侧 Ⅱ 处),记下纵向螺旋测微器的第二次

读数,两次读数之差即为 n 个螺距的实际尺寸。为了消除被测螺纹的安装误差的影响,同样要分别测取左、右两牙侧的 n 个螺距,以其平均值作为 n 个螺距的实际尺寸。即

$$P_{实际}=\frac{P_{\Sigma 实际(左)}+P_{\Sigma 实际(右)}}{2}$$

螺距累积误差 ΔP_{Σ} 为

$$\Delta P_{\Sigma}=|P_{实际}-nP|$$

6) 被测螺纹的合格性的判断

对于普通螺纹,保证螺纹互换性的条件是:实际螺纹的作用中径不允许超出最大实体牙型的中径,并且实际螺纹上的任何部位的单一中径都不允许超出最小实体牙型的中径。对于普通外螺纹,应按 $d_{2m}\leqslant d_{2max}$ 且 $d_{2单-}\geqslant d_{2min}$ 判断合格性,其中 d_{2m} 和 d_{2s} 分别为实际螺纹的作用中径和单一中径,d_{2max} 和 d_{2min} 分别为被测螺纹中径的最大和最小极限尺寸。

思 考 题

1. 用三针法测量螺纹中径是直接测量还是间接测量?

2. 螺纹中径的公称尺寸是否为其大径和小径的平均值?

3. 用工具显微镜测量螺纹中径、牙型半角和螺距时,立柱为什么要倾斜一个螺纹升角?

4. 用工具显微镜测量螺纹中径、牙型半角和螺距时,为消除螺纹的安装误差,应如何进行测量处理?

第 5 章 齿轮几何参数的测量

在机电产品的传动装置中,齿轮传动机构的应用极为广泛。这种传动机构由齿轮副、轴、轴承及箱体等组成,其运动性能与齿轮的制造、安装精度及支承部件的质量密切相关。而对加工好的齿轮进行各项精度指标的检测,是保证齿轮传动性能的必要条件。

5.1 切向偏差与径向偏差的测量

5.1.1 切向综合总偏差和一齿切向综合偏差的测量

切向综合总偏差(F_i')是指产品齿轮与测量齿轮单面啮合检验时,产品齿轮回转一周,齿轮分度圆上实际圆周位移与理论圆周位移的最大差值。一齿切向综合偏差(f_i')是在一个齿距内的切向综合偏差值(取所有齿的最大值)。

切向综合偏差的测量一般是在单面啮合检查仪(简称单啮仪)上进行的。测量时,将产品齿轮与理想精确的测量齿轮在正常中心距下安装好,单面啮合转动。其测量过程接近于齿轮的实际工作过程,所以测量结果能比较真实地反映出整个齿轮所有啮合点上的误差。

单啮仪有机械式、光栅式、磁分度式及地震式等多种,目前应用最多的是光栅式单啮仪。图 5.1 是 CD320G-B 型光栅式单啮仪的机械部分外形图。此单啮仪是以蜗杆为标准元件,在单啮状态下对齿轮进行动态测量的仪器,仪器主要由主机(机械部分)、齿轮误差分析仪和记录仪三大部分组成。

1. 光栅式单啮仪的工作原理

图 5.2 是光栅式单啮仪的测量原理图。标准蜗杆由电动机带动,它由可控硅整流器供电,并能无级调速。主光栅盘 I 与标准蜗杆一起旋转,标准蜗杆又带动产品齿轮及主光栅盘 II 旋转。利用标准蜗杆和产品齿轮轴端的两套光栅装置产生两个不同频率(f_1 和 f_2)的脉冲信号,然后将这两列信号分别输入分频器,就得到两列同频的脉冲信号,其频率为 f_1/z 或 f_2/k(z 为产品齿轮的齿数,k 为标准蜗杆的头数),再将这两列同频信号输入比相计进行比较。如果在产品齿轮回转一周的过程中,相位差始终保持不变,则说明产品齿轮没有切向综合偏差;如果相位差发生变化,比相计的输出电压也将相应变化,这一变化就反映了齿轮的切向综合总偏差和一齿切向综合偏差。

当使用多头蜗杆进行间齿测量时,还可获得齿轮截面整体误差(即把齿轮所有工作面上的误差视为一体,并按啮合顺序统一在啮合线上)曲线。由整体误差曲线不仅可以容易地找出各种单项误差,而且可以直观、全面地看出各种单项误差之间的相互关系,从而可以分析各种误差对齿轮传动质量的影响以及齿轮误差产生的原因。

2. 主机结构及使用

如图 5.1 所示,主机内装配有两套高精度圆光栅传感器和测量回转驱动装置。标准蜗杆置于蜗杆光栅头和横架 11 的尾顶尖之中,通过带动器,标准蜗杆和光栅头主轴轴系同步转动。产品齿轮通过带动器与齿轮光栅头同轴安装,并被顶在光栅头和上顶尖 12 之间。手轮 15 用

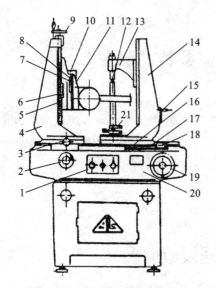

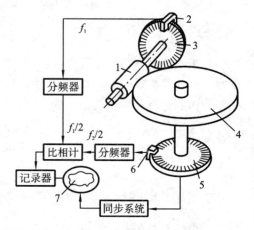

图 5.1　CD320G-B型光栅式单啮仪机械部分
1—控制板；2、3、9、15—手轮；4—左立柱；5—立刻尺主尺；
6—立刻尺微分尺；7—圆刻尺微分尺；8—圆刻尺主尺；
10—主电动机；11—横架；12—上顶尖；13—滑架；
14—右立柱；16—拖板；17、18—标尺及读数装置；
19—大手轮；20—主箱；21—带动器

图 5.2　光栅式单啮仪测量原理图
1—标准蜗杆；2—信号发生器；3—主光栅盘Ⅰ；
4—产品齿轮；5—主光栅盘Ⅱ；6—信号发生器；
7—圆记录纸

以调节滑架 13 的上下位置。摇动手轮 9，横架 11 可沿左立柱 4 的导轨上下移动，以适应齿轮的不同安装位置和测量不同的截面，其位置可由立刻尺读出。圆刻尺用于读出横架的转角。控制板 1 上装有左、右齿面换向开关和指示灯（注意：换向时，必须先停机断电再换向）。手轮 2 用于控制主电动机 10 的转速。

3. 齿轮误差分析仪及其使用

齿轮误差分析仪用于对传感器输出的信息进行处理和分析。分析仪面板如图 5.3 所示。

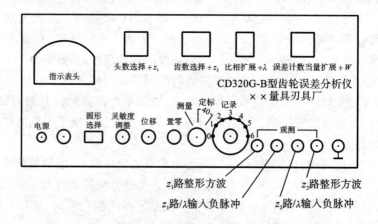

图 5.3　齿轮误差分析仪面板

使用齿轮误差分析仪时注意以下几点。

（1）先打开电源开关，待分析仪预热几分钟后再进行测量（测量前要按一下"置零"按钮）。

（2）z_1 拨码盘在使用单头蜗杆时拨 01，使用双头蜗杆时拨 02，使用三头蜗杆时拨 03。

（3）z_2 拨码盘拨码数为齿轮齿数，如齿数为 47，则拨码数为 047。

（4）λ 拨码盘在齿轮误差愈大时拨码数愈大（λ 为 $1\sim9$ 的正整数）。

（5）W 拨码盘随齿数 z_2 及 λ 选择的值变大而变大（W 取 $1\sim99$ 的正整数，且大于 $\frac{6z_2\lambda}{127}$），当 $6z_2\lambda<127W$ 时，拨码数为 W。

（6）不断按动位移按钮，观察表头，使测量的整个周期都包络在表头摆动范围内，且表头在两边缘处都不出现大范围的无规则摆动。

（7）在测量时，测量与定标开关必须置于"测量"挡。定标时，置于"定标"的某一挡，用记录仪绘出一直线后将波段开关置于"定标"的另一挡，又用记录仪绘出另一直线，两直线间的距离 L 相当于误差计数器输入 40 个脉冲的误差。记录纸上每单位宽度所代表的齿轮误差值按以下方法计算。

对于角度值，有

$$K = 800 \times \frac{z_1}{z_2} \times \frac{W}{L} \quad (\mathrm{s/mm})$$

对于线性值，分两种情况计算：

在啮合线上　　　$K_{啮} = \frac{\pi}{1.62} \times \frac{m_n z_1 W}{L} \cos\alpha \quad (\mu\mathrm{m/mm})或(\mu\mathrm{m/格})$

在分度圆上　　　$K_{分} = \frac{\pi}{1.62} \times \frac{m_t z_1 W}{L} \quad (\mu\mathrm{m/mm})或(\mu\mathrm{m/格})$

（8）"灵敏度调整"电位器一般控制在 $K=1\ \mu\mathrm{m/mm}$ 之下。

注意：定标与测量必须在同一灵敏度下进行。"记录"波段开关一般情况下置于零位。

4. 记录仪的使用

记录仪以长、圆两种记录形式显示齿轮误差。使用圆记录形式时，打开圆记录开关，关闭长记录开关；使用长记录形式时，则关闭圆记录开关，打开长记录开关。一般用圆记录仪描绘出整体偏差曲线。使用时注意：

（1）位置旋钮按出厂时的定挡，不要变动；

（2）在两啮合件啮合前应先打开记录仪电源开关和圆记录开关，以避免齿轮和蜗杆的剧烈往返撞击导致仪器的轴系及同步系统的精度降低；

（3）在做位移调整时，将记录仪信号输入开关关闭，记录笔抬起；位移合适后再打开信号输入开关，落笔记录。

图 5.4 所示为用圆记录纸记录的切向综合偏差曲线。

5. 测量方法

（1）预热。接通电源，在测量前打开主机、分析仪和记录仪的电源开关进行预热。采用圆记录形式时，注意应在蜗杆还未与产品齿轮啮合前打开记录仪的圆记录开关。

（2）安装产品齿轮。将洗刷干净的产品齿轮装在心轴上，将心轴置于齿轮光栅头和上顶尖之间并紧固。

（3）安装标准蜗杆。测量直齿圆柱齿轮时，标准蜗杆中心线应倾斜 λ 角（λ 角为标准蜗杆分度圆螺旋升角）。测量斜齿轮时，应倾斜 $\lambda\pm\beta$ 角（β 角为斜齿轮的分度圆螺旋升角，正号用于二者旋向不同时，负号用于二者旋向相同时）。再摇动左立柱上的手轮 9（见图 5.1），将蜗杆中心平面调整到产品齿轮的待测截面上并紧固。再转动左立柱下的手轮 3，使标准蜗杆上精度最高的一段啮合线参与啮合（一般取中间位置）。

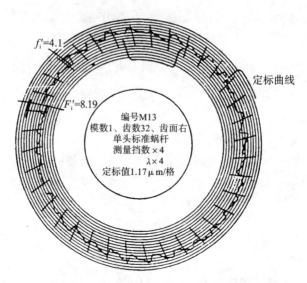

图 5.4　用圆记录纸记录的切向综合偏差曲线

（4）调整中心距。转动手轮 2，按公称中心距调整产品齿轮相对标准蜗杆的距离。

（5）调整分析仪。如前所述。

（6）安装记录纸。

（7）开启主机总电源旋钮，顺时针转动主箱上的手轮 2，使标准蜗杆带动产品齿轮旋转，转速应由慢逐渐加快，然后停止在某一位置上。转速（即测量速度）与齿轮误差大小、齿数及检测的误差项目等有关，应适当选择。

（8）打开记录仪的输出开关，并选择记录笔在纸上的位置，落笔记录。测完一侧齿面后，抬起记录笔，关闭输入开关，逆时针旋转手轮 2，使标准蜗杆停止转动。

（9）旋转控制板 1 上的测量换向旋钮，测量产品齿轮的另一侧齿面。

（10）由记录曲线分析齿轮的切向综合总偏差 F_i' 及一齿切向综合偏差 f_i' 值。

$$F_i' = \frac{(r_{\max} - r_{\min}) \cdot K_{啮}}{\cos\alpha \cdot \cos\beta} = F_{i记}' \cdot K_分$$

$$f_i' = f_{i记}' \cdot K_分$$

式中：$r_{\max}$——误差曲线上最高点的径向坐标（格或 mm）；

　　　$r_{\min}$——误差曲线上最低点的径向坐标（格或 mm）；

　　　α——分度圆压力角；

　　　β——分度圆螺旋升角。

5.1.2　径向综合总偏差和一齿径向综合偏差的测量

径向综合总偏差 F_i'' 是在径向综合测量时，产品齿轮的左、右齿面同时与测量齿轮接触，并转过一周时出现的中心距最大值和最小值之差。一齿径向综合偏差 f_i'' 是产品齿轮与测量齿轮啮合一周时，对应一个齿距（360°/z）的径向综合偏差值（取所有齿的最大值）。

径向综合总偏差的测量是在双面啮合检查仪（简称双啮仪）上进行的，双啮仪用于成批生产的中等精度齿轮的径向综合总偏差的检测。

1. 双啮仪的结构及工作原理

图 5.5 为双啮仪测量原理图。将理想精确的测量齿轮安装在固定滑座 2 的心轴上，产品

齿轮安装在可动滑座 3 的心轴上。在弹簧力的作用下,测量齿轮和产品齿轮达到紧密无间隙的双面啮合,此时的中心距为度量中心距 a'。当二者啮合转动时,由于产品齿轮存在加工误差,度量中心距将发生变化,此变化量可通过可动滑座的移动在指示表上显示出来,也可由自动记录装置画出偏差曲线,如图 5.6 所示。由偏差曲线可得出 F_i'' 和 f_i''。径向综合偏差包括左、右齿面啮合偏差的成分。

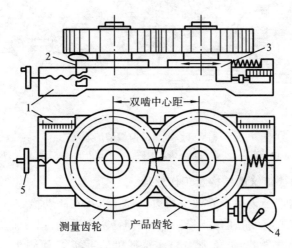

图 5.5　双啮仪测量原理图

1—基体;2—固定滑座;3—可动滑座;4—指示表;5—手轮

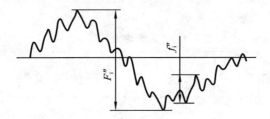

图 5.6　径向综合偏差记录曲线

2. 测量方法

（1）利用凸轮控制可动滑座,使其大约处在浮动范围的中间位置上。

（2）将标准测量齿轮装到固定滑座的心轴上,产品齿轮则装在可动滑座的心轴上。

（3）移动固定滑座,使测量齿轮与产品齿轮处于接近啮合状态,然后用锁紧手柄使固定滑座位置固定。

（4）将可动滑座放松,使之借弹簧力靠向固定滑座,使两齿轮处于双面紧密啮合状态,并将指示表指针调整到零位。

（5）在产品齿轮回转一周的过程中,由于几何偏心、齿形误差、基节偏差、齿向误差等的存在,双啮中心距会发生变动,使可动滑座产生位移,通过指示表读出此位移量或由自动记录装置画出偏差曲线。

（6）由记录曲线分析齿轮的径向综合总偏差 F_i'' 及一齿径向综合偏差 f_i'' 的值。

5.1.3　齿圈径向跳动的测量

齿圈径向跳动 F_r 是齿轮回转一周过程中,测头在齿槽内齿高中部与齿廓双面接触时,测头相对于齿轮轴线的最大变动量。F_r 可在齿圈径向跳动检查仪、万能测齿仪及普通偏摆检查仪上测量。图 5.7 所示为用齿圈径向跳动检查仪测量齿圈径向跳动 F_r 的方法。

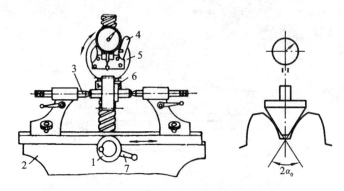

图 5.7　齿圈径向跳动的测量

1—手轮;2—底座;3—顶尖;4—拨动手柄;5—千分表架;6—升降螺母;7—手柄

1. 齿圈径向跳动检查仪的结构及工作原理

如图 5.7 所示,将产品齿轮的心轴由两边顶尖 3 支承在跳动检查仪上,根据产品齿轮的模数按表 5.1 选择球形测头的直径,并将测头安装到指示表下端,以保证测头在齿高中部与齿廓双面接触(测头也可为锥形的,锥角为 40°)。压下拨动手柄 4,使测头位于测量位置。转动升降螺母 6,使千分表架 5 下降,直至测头与齿槽接触,然后用螺钉锁紧,使指示表指针指向零刻线。拨动手柄使指示表抬起,将产品齿轮转过一齿,放下指示表测出第一个齿的径向跳动量;依此逐齿测量,即可测得齿圈径向跳动 F_r。

表 5.1　产品齿轮模数测头直径　　　　　　　　　　　　　　　　　　　　(mm)

模数	0.3	0.5	0.7	1	1.25	1.5	1.75	2	3	4	5
测头直径	0.5	0.8	1.2	1.7	2.1	2.5	2.9	3.3	5	6.7	8.3

2. 测量方法

(1)将产品齿轮安装到心轴上,再将心轴装夹在两顶尖之间,装夹的松紧程度以心轴能够灵活转动且没有轴向窜动为宜。

(2)选择合适的测头安装到指示表下端。

(3)将测头对准产品齿轮的一个齿槽并将指示表指针调整到零位。

(4)沿齿圈逐齿测量,并将测量读数记录下来,读数的最大值与最小值之差即为齿圈径向跳动 F_r。

(5)将所测齿圈径向跳动 F_r 与产品齿轮的齿圈径向跳动公差进行比较,判断产品齿轮的齿圈径向跳动的合格性。

5.2　齿距偏差和齿廓偏差的测量

5.2.1　齿距偏差的测量

齿距偏差分为单个齿距偏差 f_{pt}、齿距累积偏差 F_{pk} 和齿距累积总偏差 F_p。

单个齿距偏差是在端平面上接近齿高中部的一个与齿轮轴线同心的圆上,实际齿距与理论齿距的代数差,如图 5.8(a)所示。图中 f_{pt} 为第一个齿距偏差。齿距累积偏差是指任意 k ($k=1\sim z$) 个齿距的实际弧长与理论弧长的代数差,齿距累积总偏差是齿轮同侧齿面任意弧段内的最大齿距累积偏差,它表现为齿距累积偏差曲线的总幅值(见图 5.8(b))。

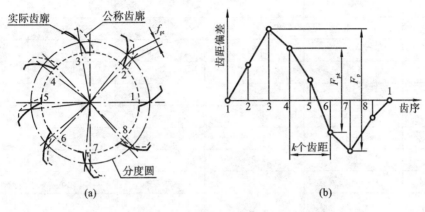

图 5.8　齿距累积总偏差

齿距偏差的检验一般在齿距比较仪(见图 5.9)或万能测齿仪(见图 5.10)上采用相对测量法进行。如图 5.9 所示,齿距比较仪的测头 4 为固定测头,活动测头 3 与指示表 7 相连。测量时将齿距仪与产品齿轮平放在检验平板上,用两个定位杆 2 和 8 前端顶在齿轮齿顶上,调整测头 3 和 4 使其大致在分度圆附近接触齿廓,以任一齿距作为基准齿距并将指示表对零,然后逐个齿距进行测量,得到各齿距相对于基准齿距的偏差 $P_{相}$,再求出平均齿距偏差 $P_{平}$。

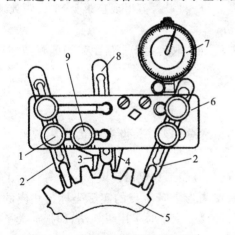

图 5.9　用齿距比较仪测齿距偏差

1、9—锁紧螺钉;2、8—定位杆;3—活动测头;

4—固定测头;5—产品齿轮;6—基体;7—指示表

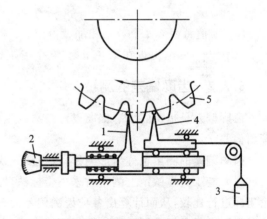

图 5.10　用万能测齿仪测齿距

1—活动测头;2—指示表;3—重锤;

4—固定测头;5—产品齿轮

例 5.1　某齿轮齿数 $z=12$,在齿距比较仪上实测各相对值,如表 5.2 第 2 列所示,试计算齿距总偏差 F_p 及单个齿距偏差 f_{pt}。

解　$P_{平} = \sum_{i=1}^{z} P_{i相}$

$= \dfrac{1}{12}[0+(-1)+(-2)+(-1)+(-2)+3+2+3+2+4+(-1)+(-1)]\,\mu m$

$=+0.5\,\mu m$

表 5.2　齿距偏差数据处理

齿距序号 i	齿距仪读数 $P_{i相}$	$P_{i绝}=P_{i相}-P_{平}$	$F_{pi}=\sum\limits_{i=1}^{z}P_{i绝}$	齿距序号范围	$F_{pk}=\sum\limits_{i=1}^{i+(k-1)}P_{i绝}$
1	0	-0.5	-0.5	11～1	-3.5
2	-1	-1.5	-2	12～2	-3.5
3	-2	-2.5	-4.5	1～3	-4.5
4	-1	-1.5	-6	2～4	-5.5
5	-2	-2.5	-8.5	3～5	-6.5
6	$+3$	$+2.5$	-6	4～6	-1.5
7	$+2$	$+1.5$	-4.5	5～7	$+1.5$
8	$+3$	$+2.5$	-2	6～8	$+6.5$
9	$+2$	$+1.5$	-0.5	7～9	$+5.5$
10	$+4$	$+3.5$	$+3$	8～10	$+7.5$
11	-1	-1.5	$+1.5$	9～11	$+3.5$
12	-1	-1.5	0	10～12	$+0.5$

　　然后由 $P_{i绝}=P_{i相}-P_{平}$ 求出 $P_{i绝}$ 值,将 $P_{i绝}$ 值累积后得到齿距累积偏差 F_{pi},从 F_{pi} 中分别找出最大值(第 10 个齿距值)、最小值(第 5 个齿距值),其差值即为齿距总偏差 F_p:

$$F_p=F_{pimax}-F_{pimin}=[(+3.0)-(-8.5)]\ \mu m=11.5\ \mu m$$

　　在 $P_{i绝}$ 中找出绝对值最大者,此即单个齿距偏差。$|P_{i绝}|$ 最大值出现在第 10 个齿距处,且

$$f_{pt}=+3.5\ \mu m$$

　　将 F_{pi} 值每相邻 3 个数字相加就得出 $k=3$ 时的 F_{pk} 值,取其为 k 个齿距累积偏差,此例中 F_{pkmax} 为 $+7.5\ \mu m$,出现在第 8 至第 10 个齿距处。

5.2.2　齿廓偏差的测量

　　齿廓偏差是指实际齿廓偏离设计齿廓的量,分为齿廓总偏差 F_α、齿廓形状偏差 $f_{f\alpha}$ 和齿廓倾斜偏差 $f_{H\alpha}$。

　　齿廓偏差的测量也称齿形测量,可在渐开线检查仪、万能工具显微镜或投影仪等仪器上进行。在万能工具显微镜上测量时采用坐标法,即将被测齿形上若干点的实际坐标与相应的理论坐标进行比较,从而计算出各项齿廓偏差值。在投影仪上测量时采用影像法,即把放大了的实际齿形影像和标准渐开线齿形相比较来确定齿形偏差。

　　渐开线检查仪又可分为单盘式和万能式两种。利用万能式渐开线检查仪测量时不需要不同尺寸的基圆盘,且仪器上装有电感比较仪,其传感器将产品齿轮齿形的渐开线误差传到指示表或记录器上,用指示表可以直接读数,用记录器可画出误差图形。利用万能式渐开线检查仪测量效率高,但仪器价格也较高。

1. 单盘式渐开线检查仪结构

　　单盘式渐开线检查仪结构简单,应用较广。图 5.11 为单盘式渐开线检查仪原理图。该仪器是用比较法进行齿形偏差测量的,即将产品齿轮的齿形与理论渐开线齿形比较,从而得出齿廓偏差。产品齿轮 1 与可更换的摩擦基圆盘 2 装在同一轴上,基圆盘与装在滑板 5 上的直尺 9 以一定的压力相接触,并且其直径要精确等于产品齿轮的理论基圆直径。当转动丝杠 7 使

滑板 5 移动时,直尺 9 便相对基圆盘 2 做纯滚动,此时齿轮也同步转动。在滑板 5 上装有测量杠杆 8,它的一端为测量头,与被测齿面接触,其接触点刚好在直尺 9 与基圆盘 2 相切的平面上,它走出的轨迹应为理论渐开线,但由于齿面存在齿形偏差,因此在测量过程中测头就将产生偏移并通过指示表 4 显示出来,或由记录器画出齿廓偏差曲线。按 F_α 的定义,可以根据记录曲线先求出 F_α 数值,然后再与给定的允许值进行比较。有时为了进行工艺分析或应用户要求,也可以利用记录曲线进一步分析出 $f_{f\alpha}$ 和 $f_{H\alpha}$ 的数值。

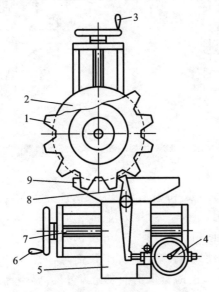

图 5.11　单盘式渐开线检查仪原理图
1—齿轮;2—基圆盘;3、6—手轮;4—指示表;5—滑板;7—丝杠;8—杠杆;9—直尺

2. 测量方法

(1) 根据产品齿轮的基圆直径准备好基圆盘,再将基圆盘与产品齿轮装在仪器的心轴上。

(2) 调整仪器,通过转动手轮 6,移动滑板 5,使滑板上的指示线对准底座上的指示线,用手拨动展开角指针,使其对准展开角指示表零位;转动另一手轮 3,使托板移动,从而使基圆盘 2 与直尺 9 接触,接触时的切点与杠杆测头的触点重合;用手转动产品齿轮 1,使被测齿面与测头接触;将指示表指针调整到零位,再旋紧仪器心轴上的螺母。

(3) 转动手轮 6,移动滑板 5,从 0°起将齿形展开(注意齿轮的转动方向),记下读数,画出齿廓偏差曲线。

(4) 将偏差值与产品齿轮的齿廓公差相比较,从而判断产品齿轮齿廓偏差的合格性。

5.3　齿厚偏差和公法线平均长度偏差的测量

5.3.1　齿厚偏差的测量

齿厚是在齿轮分度圆上一个轮齿所占的弧长,如图 5.12(a)所示。为了得到设计要求的齿轮副侧隙,必须控制齿轮的齿厚偏差。齿厚偏差 E_{sn} 是指齿厚的实际值与公称值之差。测量齿厚一般用齿厚卡尺和光学齿厚卡尺。图 5.12(b)为用齿厚卡尺测量分度圆弦齿厚(由于分度圆弧齿厚不易测量,一般用测分度圆弦齿厚来代替测分度圆弧齿厚)的示意图。

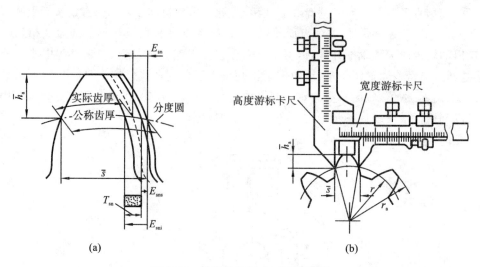

图 5.12　用齿轮游标卡尺测量齿厚

1. 齿轮游标卡尺的结构及使用

　　齿轮游标卡尺由高度游标卡尺和宽度游标卡尺两部分组成,它们的分度值均为0.02 mm,读数方法与普通游标卡尺相同。因为测量分度圆弦齿厚时是以齿顶圆为基准定位的,所以首先要调整高度游标卡尺,使其读数等于实际分度圆弦齿高 $\bar{h}_a$ 值,然后紧固高度游标卡尺螺母,以保证测量齿厚时 $\bar{h}_a$ 值不变。将高度游标卡尺的尺面靠在产品齿轮的齿顶上,然后移动宽度游标,使齿轮宽度游标卡尺的两个量爪卡在轮齿分度圆处,再从宽度游标卡尺上读得分度圆弦齿厚的实际值 $\bar{s}_a$。

2. 确定直齿圆柱齿轮分度圆公称弦齿高 $\bar{h}$ 和公称弦齿厚 $\bar{s}$ 的值

　　直齿圆柱齿轮分度圆公称弦齿高 $\bar{h}$ 和公称弦齿厚 $\bar{s}$ 分别按以下两式计算:

$$\bar{h} = m\left[1 + \frac{z}{2}\left(1 - \cos\frac{90°}{z}\right)\right]$$

$$\bar{s} = mz \cdot \sin\frac{90°}{z}$$

　　为方便使用,将 $\alpha = 20°$、径向变位系数 $x = 0$、模数 $m = 1$ mm 的直齿圆柱齿轮的分度圆公称弦齿高 $\bar{h}$ 和公称弦齿厚 $\bar{s}$ 的值列于表5.3。

　　对于变位直齿轮,公称弦齿高 $\bar{h}_变$ 与公称弦齿厚 $\bar{s}_变$ 分别按以下两式计算:

$$\bar{h}_变 = m\left[1 + \frac{z}{2}\left(1 - \cos\frac{90° + 41.7°x}{z}\right)\right]$$

$$\bar{s}_变 = mz\sin\left(\frac{90° + 41.7°x}{z}\right)$$

表 5.3　$m = 1$ mm、$x = 0$ 时的分度圆公称弦齿高和公称弦齿厚的值

齿数 z	分度圆弦齿厚 $\bar{s}$ /mm	分度圆弦齿高 $\bar{h}$ /mm	齿数 z	分度圆弦齿厚 $\bar{s}$ /mm	分度圆弦齿高 $\bar{h}$ /mm	齿数 z	分度圆弦齿厚 $\bar{s}$ /mm	分度圆弦齿高 $\bar{h}$ /mm
11	1.5655	1.0560	15	1.5679	1.0411	19	1.5690	1.0324
12	1.5663	1.0513	16	1.5683	1.0385	20	1.5692	1.0308
13	1.5670	1.0474	17	1.5686	1.0363	21	1.5693	1.0294
14	1.5675	1.0440	18	1.5688	1.0342	22	1.5695	1.0280

齿数 z	分度圆弦齿厚 $\bar{s}$ /mm	分度圆弦齿高 $\bar{h}$ /mm	齿数 z	分度圆弦齿厚 $\bar{s}$ /mm	分度圆弦齿高 $\bar{h}$ /mm	齿数 z	分度圆弦齿厚 $\bar{s}$ /mm	分度圆弦齿高 $\bar{h}$ /mm
23	1.5696	1.0268	35	1.5703	1.0176	47	1.5705	1.0131
24	1.5697	1.0257	36	1.5703	1.0171	48	1.5705	1.0128
25	1.5698	1.0247	37	1.5703	1.0167	49	1.5705	1.0126
26	1.5698	1.0237	38	1.5703	1.0162	50	1.5705	1.0123
27	1.5699	1.0223	39	1.5704	1.0158	51	1.5705	1.0121
28	1.5700	1.0220	40	1.5704	1.0154	52	1.5706	1.0119
29	1.5700	1.0213	41	1.5704	1.0150	53	1.5706	1.0117
30	1.5701	1.0206	42	1.5704	1.0147	54	1.5706	1.0114
31	1.5701	1.0199	43	1.5704	1.0143	55	1.5706	1.0112
32	1.5702	1.0193	44	1.5705	1.0140	56	1.5706	1.0110
33	1.5702	1.0187	45	1.5705	1.0137	57	1.5706	1.0108
34	1.5702	1.0181	46	1.5705	1.0134	58	1.5706	1.0106

当齿轮模数不为 1 时,只需将查得值乘以模数 m 就可以了。对于斜齿轮,应测量其法向齿厚,其计算公式与直齿轮相同,只是应将法向参数即 m_n、α_n、x_n 和当量齿数 $z_当$ 代入相应公式计算。

3. 齿厚偏差的测量方法

(1) 根据产品齿轮的齿数 z、模数 m 查表 5.3 并计算,求得分度圆公称弦齿厚 $\bar{s}$ 与公称弦齿高 $\bar{h}$ 的值。

(2) 用外径千分尺(或游标卡尺)测量出齿顶圆的实际直径 $d_{a实}$,并求出齿顶圆偏差 Δd_a。

$$\Delta d_a = d_{a实} - m(z+2)$$

(3) 求得实际分度圆弦齿高 $\bar{h}_a$,并调整高度游标的高度到 $\bar{h}_a$。有

$$\bar{h}_a = \bar{h} + \frac{\Delta d_a}{2}$$

(4) 在齿圈上每隔 60°测量一个实际弦齿厚 $\bar{s}_a$,并计算出齿厚偏差 E_{sn}:

$$E_{sn} = \bar{s}_a - \bar{s}$$

(5) 将 E_{sn} 与 E_{sns}、E_{sni} 相比较,并判断其合格性。

例 5.2 某直齿圆柱齿轮齿数 $z=22$,模数 $m=2.5$ mm,公称齿厚为 3.92 mm,齿厚上极限偏差为 -0.09 mm、下极限偏差为 -0.17 mm,试测量并计算其齿厚偏差。

解 齿厚偏差测量数据及计算过程如表 5.4 所示。

表 5.4 齿厚偏差测量数据及计算过程 (mm)

公称弦齿厚 $\bar{s}$	$\bar{s}=2.5×1.5695=3.92$	公称弦齿高	$\bar{h}=2.5×1.028=2.57$
齿顶圆公称直径	$d_a=2.5×(22+2)=60$	齿顶圆实测直径	$d_{a实}=59.9$
齿厚上极限偏差	$E_{sns}=-0.09$	齿厚下极限偏差	$E_{sni}=-0.17$
实际分度圆弦齿高	$\bar{h}_a=2.57+(59.9-60)/2=2.52$(高度游标调整值)		

序号	1	2	3	4	5	6
实测齿厚 $\bar{s}_a$/mm	3.82	3.80	3.78	3.79	3.80	3.76
齿厚偏差 E_{sn}/mm	−0.1	−0.12	−0.14	−0.13	−0.12	−0.16

由于各齿厚偏差值均在其极限偏差范围内，故该齿轮的齿厚偏差合格。

5.3.2　公法线平均长度偏差的测量

公法线长度是在基圆柱切平面上跨多个齿（对外齿轮）或多个齿槽（对内齿轮），在接触到一个齿的右齿面和另一个齿的左齿面的两个平行平面之间测得的距离。公法线长度可用公法线千分尺、公法线指示卡规及万能测齿仪等量仪进行测量。

公法线平均长度偏差 E_{bn} 是指实测公法线长度的平均值与其公称值之差。因此测量齿轮的公法线长度时，首先要确定测量时的跨齿数 k 和公法线公称长度 W_k。

1. 跨齿数 k 与公法线公称长度 W_k 的计算

1）跨齿数的计算

实际测量时，要求两平行量脚的测量面与两异名齿廓在分度圆附近相切，因为分度圆部位的渐开线齿形比较准确。假设量脚的测量面与齿廓的切点正好在分度圆上，对于直齿圆柱齿轮（齿数为 z，压力角为 α），可按下式计算跨齿数（参见图 5.13、图 5.14）：

$$(k-1)\frac{360°}{z}+\frac{180°}{z}=2\alpha$$

当 $\alpha=20°$ 时，则跨齿数 k 为

$$k=\frac{z}{9}+\frac{1}{2}\quad（取整）$$

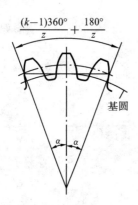

图 5.13　跨齿数的计算

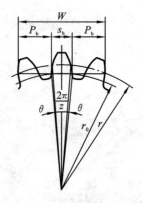

图 5.14　公法线长度的计算

2）公法线公称长度 W_k 及其极限偏差 E_{bns} 和 E_{bni} 的计算

由图 5.14 可知：

$$W_k=(k-1)P_b+s_b$$

因

$$P_b=\frac{2\pi r\cos\alpha}{z}$$

$$s_b=r\left(\frac{\pi}{z}+2\theta\right)\cos\alpha$$

故 $$W_k = (k-1)\frac{2\pi r \cos\alpha}{z} + r\left(\frac{\pi}{z}+2\theta\right)\cos\alpha = m\cos\alpha[\pi(k-0.5)+z\,\mathrm{inv}\alpha]$$

式中：$r = mz/2, \theta = \mathrm{inv}\alpha$（$\alpha$ 角的渐开线函数）。

当 $\alpha = 20°$ 时，

$$W_k = m[1.476(2k-1)+0.014z]$$

为方便计算，将 $\alpha = 20°$ 时的跨齿数 k 及模数 $m=1$ mm 时的公法线公称长度 W_k 值列于表 5.5。

表 5.5 $m=1$ mm 时的公法线公称长度

z	k	W_k/mm	z	k	W_k/mm	z	k	W_k/mm	z	k	W_k/mm	z	k	W_k/mm
11	2	4.58225	29	4	10.73860	47	6	16.89495	65	8	23.05130	83	10	29.20766
12	2	4.59626	30	4	10.75261	48	6	16.90896	66	8	23.06531	84	10	29.22167
13	2	4.61026	31	4	10.76662	49	6	16.92297	67	8	23.07932	85	10	29.23568
14	2	4.62427	32	4	10.78062	50	6	16.93697	68	8	23.09332	86	10	29.24968
15	2	4.63827	33	4	10.79462	51	6	16.95098	69	8	23.107322	87	10	29.26368
16	2	4.65228	34	4	10.80863	52	6	16.96498	70	8	23.12133	88	10	29.27769
17	2	4.66628	35	4	10.82264	53	6	16.97898	71	8	23.13534	89	10	29.29170
18	2	4.68029	36	4	10.83664	54	6	16.99299	72	8	23.14934	90	10	29.30570
19	3	7.64642	37	5	13.80227	55	7	19.95913	73	9	26.11548	91	11	32.27180
20	3	7.66043	38	5	13.81678	56	7	19.97313	74	9	26.12948	92	11	32.28580
21	3	7.67443	39	5	13.83079	57	7	19.98714	75	9	26.14349	93	11	32.29980
22	3	7.68844	40	5	13.84480	58	7	20.00114	76	9	26.15750	94	11	32.31380
23	3	7.70244	41	5	13.85880	59	7	20.01515	77	9	26.17150	95	11	32.32790
24	3	7.71645	42	5	13.87280	60	7	20.02915	78	9	26.18551	96	11	32.34190
25	3	7.73046	43	5	13.88681	61	7	20.04316	79	9	26.19952	97	11	32.35590
26	3	7.74446	44	5	13.90081	62	7	20.05716	80	9	26.21352	98	11	32.36990
27	3	7.75846	45	5	13.91482	63	7	20.07116	81	9	26.22752	99	11	32.38390
28	4	10.72460	46	6	16.88095	64	8	23.03730	82	10	29.19366	100	12	35.35000

齿厚偏差的变化必然引起公法线长度的变化。通过控制公法线长度同样可以控制齿侧间隙。公法线长度的上偏差 E_{bns} 和下偏差 E_{bni} 与齿厚偏差之间分别有如下关系：

$$E_{\mathrm{bns}} = E_{\mathrm{sns}}\cos\alpha_{\mathrm{n}} - 0.72F_{\mathrm{r}}\sin\alpha_{\mathrm{n}}$$

$$E_{\mathrm{bni}} = E_{\mathrm{sni}}\cos\alpha_{\mathrm{n}} + 0.72F_{\mathrm{r}}\sin\alpha_{\mathrm{n}}$$

2. 公法线千分尺结构及测量方法

1）公法线千分尺的结构

公法线千分尺的结构和读数方法与普通千分尺完全一样，仅测量脚有所不同，即由一对量砧变为一对量盘（见图 5.15）。

测量时按跨齿数 k 将测量脚放入齿槽，使测量脚的测量面与两外侧齿异名齿廓相切，即可读数。沿齿圈六个等分部位测出六个公法线长度的实际值，然后计算公法线平均长度偏差。

2）测量方法

（1）根据产品齿轮的模数 m，由表 5.5 查得跨齿数 k 及模数 $m=1$ mm 时的公法线公称

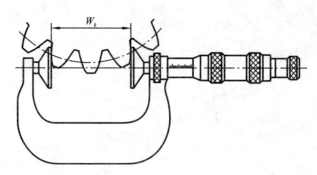

图 5.15　用公法线千分尺测量齿轮公法线长度

长度。

（2）计算出产品齿轮公法线公称长度 W_k（由表 5.5 查得的值乘模数）及其极限偏差 E_{bns} 和 E_{bni} 的值。

（3）沿齿圈六个等分部位测量出六个公法线长度的实际值 W_{kai}，并计算公法线长度的平均值：

$$\overline{W_k} = \frac{W_{ka1} + W_{ka2} + W_{ka3} + W_{ka4} + W_{ka5} + W_{ka6}}{6}$$

（4）计算公法线平均长度偏差 E_{wm} 并判断 E_{wm} 的合格性。

$$E_{wm} = \overline{W_k} - W_k$$

例 5.3　某直齿圆柱齿轮齿数 $z = 22$，模数 $m = 2.5$ mm，公称齿厚为 3.92 mm，齿厚上极限偏差为 −0.09 mm、下极限偏差为 −0.17 mm，试测量并计算其公法线平均长度偏差。

解　公法线平均长度偏差测量数据及计算过程如表 5.6 所示。

表 5.6　公法线平均长度偏差测量数据及计算过程

公法线公称长度	$W_k = m \times 7.68844$（由表 5.5 查取）= 19.22 mm					
公法线长度上极限偏差	$E_{bns} = E_{sns}\cos\alpha_n - 0.72F_r\sin\alpha_n = (-0.09\cos20° - 0.72 \times 0.028\sin20°)$ mm $= -0.09$ mm					
公法线长度下极限偏差	$E_{bni} = E_{sni}\cos\alpha_n + 0.72F_r\sin\alpha_n = (-0.17\cos20° + 0.72 \times 0.028\sin20°)$ mm $= -0.15$ mm					
序号	1	2	3	4	5	6
实测公法线长度/mm	19.12	19.10	19.09	19.13	19.08	19.11
公法线长度平均值/mm	19.105					
公法线平均长度偏差	$E_{wm} = \overline{W_k} - W_k = (19.105 - 19.22)$ mm $= -0.115$ mm					
测量结果分析	合格					

思　考　题

1. 什么是齿厚偏差？齿厚偏差如何测量？其值是否越小越好？
2. 是否需要检验齿轮的所有要素的偏差？选择检验项目时应考虑哪些因素？
3. 测量公法线平均长度偏差时跨齿数如何确定？
4. 用齿厚游标卡尺测量齿厚时，其高度游标应如何定位？

第6章 实验预习报告和实验报告

6.1 尺寸的测量

6.1.1 尺寸的测量预习报告

实验名称:技术测量基础

1) 实验目的

(1) 掌握内、外尺寸测量的测量方法。

(2) 掌握常用尺寸测量仪器的测量原理、操作使用及数据处理。

2) 实验仪器和设备

立式光学计、内径百分表、量块、千分尺等。

3) 实验内容及实验操作步骤

(1) 实验内容 图 6.1 所示为一个塞规测头零件,图 6.2 所示为一个套,要求通过实验选择合适的测量器具分别测量零件图中标注的塞规直径和内孔直径(注:每组零件的公称尺寸与极限偏差均不同,应以指导教师给出的公称尺寸与极限偏差为准),并将测量结果与给出的技术要求进行比较,判断合格性。

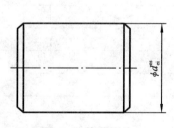

图 6.1 塞规测头

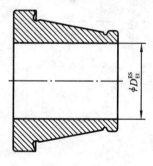

图 6.2 套

(2) 实验步骤 具体如下。

① 根据零件的尺寸及极限偏差选择长度尺寸的测量仪器。

② 对照实际测量仪器认识其主要部件及作用,掌握各测量仪器的工作原理及使用方法。

③ 分别对零件轴径和孔径进行测量,记录、整理测量数据并进行处理。

④ 将测量结果与图样上的技术要求进行比较,判断合格性。

⑤ 写出实验报告。

6.1.2 尺寸的测量实验报告

实验报告参见表 6.1。

表 6.1　尺寸的测量实验报告

测量器具	名称	分度值/mm	示值范围/mm	测量范围/mm	计量器具不确定度 $u_1'/\mu m$	不确定度允许值 $u_1/\mu m$
	立式光学计					
	内径百分表					

被测零件	名称	公称尺寸及极限偏差/mm	安全裕度 A/mm	上验收极限尺寸/mm	下验收极限尺寸/mm
	塞规测头				
	套（或齿轮孔）				

测量示意图

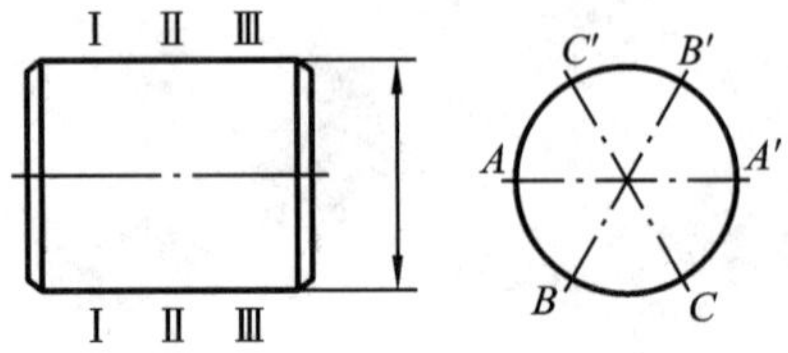

塞规测头 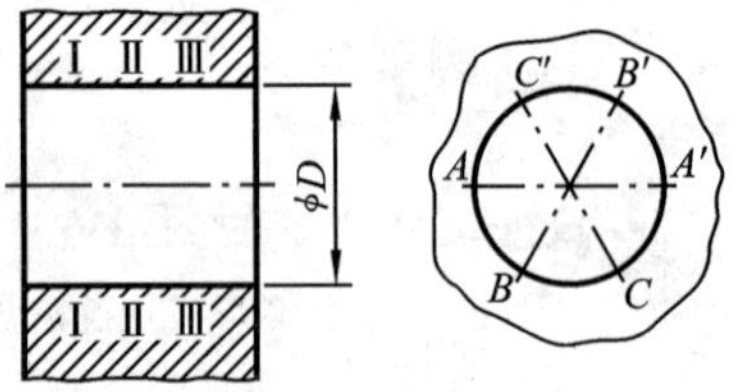　　　　　　　　　　套

测量数据	轴径	实际偏差 $e_a/\mu m$			实际尺寸 d_a/mm		
	测量位置	Ⅰ－Ⅰ	Ⅱ－Ⅱ	Ⅲ－Ⅲ	Ⅰ－Ⅰ	Ⅱ－Ⅱ	Ⅲ－Ⅲ
测量方向	A—A′						
	B—B′						
	C—C′						

测量数据	孔径	实际偏差 $E_a/\mu m$			实际尺寸 D_a/mm		
	测量位置	Ⅰ－Ⅰ	Ⅱ－Ⅱ	Ⅲ－Ⅲ	Ⅰ－Ⅰ	Ⅱ－Ⅱ	Ⅲ－Ⅲ
测量方向	A—A′						
	B—B′						
	C—C′						

测量结果分析：

6.2　直线度误差的测量

6.2.1　直线度误差测量预习报告

实验名称：用合像水平仪测量直线度误差

1) 实验目的

(1) 掌握合像水平仪的测量原理和操作使用方法。

(2) 掌握直线度误差的测量和数据处理方法。

2) 实验仪器和设备

合像水平仪、桥板、钢板尺等。

3）实验内容及实验操作步骤

（1）实验内容　直线度是导轨、平板、各种机床工作台必须保证
的精度指标,正确进行直线度误差的测量和数据处理是保证此类产
品质量的关键。本实验内容是用合像水平仪测量导轨零件的直线
度误差。图 6.3 所示为一导轨零件的直线度要求,要求通过实验测
量其直线度误差并进行数据处理。

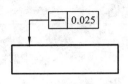

图 6.3　导轨直线度要求

（2）实验步骤　具体如下。

① 将导轨全长分成长度相等的若干段,按水平仪跨距确定相邻两测量点间的距离。

② 将合像水平仪放在桥板上,再将桥板用两个等高垫块支承并置于被测实际导轨上,观
察合像棱镜中所产生的影像,并通过仪器旋钮使错位的弧线成为光滑连接的弧线,依次读出各
测点数据。

③ 根据各测点数据作表并求出相对值和累积值。

④ 以累积值为纵坐标、测量点为横坐标,画出直线度误差曲线图。

⑤ 分别用最小包容区域法和两端点连线法求出导轨直线度误差。

6.2.2　直线度误差测量实验报告

实验报告参见表 6.2。

表 6.2　用合像水平仪测量导轨直线度误差实验报告

测量器具	名称		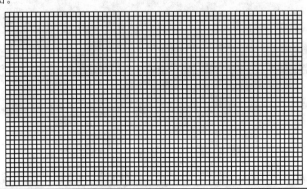				
	分度值						
	节距						
被测零件	名称						
	直线度公差 t						
测量数据及计算							
测量点	0	1	2	3	4	5	6
第一次读数（顺测）							
第二次读数（回测）							
平均值							
相对值							
累积值							

画出直线度误差曲线图。

续表

直线度误差 f_-（写出计算式）	$f_{-(包容)}$
	$f_{-(端点)}$

测量结果分析：

6.3　轴类零件的综合测量

6.3.1　轴类零件测量预习报告

实验名称：轴类零件的综合测量

1）实验目的

（1）掌握常用零件外尺寸测量仪器的选用方法及其主要结构、工作原理和测量方法。

（2）掌握常用零件几何误差测量仪器的选用方法和测量方法。

（3）掌握表面粗糙度常用测量仪器的主要结构、工作原理和测量方法。

2）实验仪器和设备

立式光学计、跳动检查仪、精密粗糙度测量仪等。

3）实验内容及实验操作步骤

（1）实验内容　常用零件的综合测量，一般指对轴类、套类和箱体类零件的尺寸、几何误差、表面粗糙度参数的测量，它在制造业中占有非常重要的地位。测量结果的准确性将直接影响零件配合的质量、产品的使用性能，甚至企业的发展。

本实验主要对图 6.4 所示轴类零件的尺寸、几何误差、表面粗糙度参数进行测量。

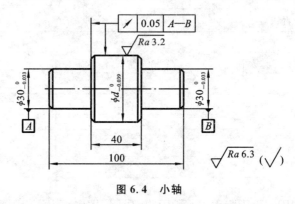

图 6.4　小轴

（2）实验步骤　具体如下。

① 根据零件各部分的尺寸及极限偏差选择长度尺寸的测量仪器，根据几何公差要求选择几何误差的测量仪器，根据零件表面粗糙度要求选择表面粗糙度的测量仪器。

② 掌握各测量仪器的工作原理及测量使用方法。

③ 进行零件尺寸的测量、几何误差的测量和表面粗糙度参数的测量，并记录、整理和处理测量数据。

④ 将测量结果与图样上的技术要求进行比较，判断合格性。

⑤ 写出实验报告。

6.3.2　轴类零件综合测量实验报告

实验报告参见表 6.3。

表 6.3　轴类零件综合测量实验报告

测量器具	名称	分度值	示值范围	测量范围
	立式光学计			
	精密粗糙度测量仪			
	跳动检查仪			

被测零件	名称	公称尺寸及极限偏差	径向圆跳动公差 t	表面粗糙度允许值
	轴		0.05 mm	$Ra \leqslant 3.2 \ \mu m$

零件图
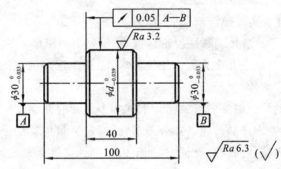

轴径测量

测量位置		实际偏差/μm			实际尺寸/mm		
		Ⅰ—Ⅰ	Ⅱ—Ⅱ	Ⅲ—Ⅲ	Ⅰ—Ⅰ	Ⅱ—Ⅱ	Ⅲ—Ⅲ
测量方向	A—A						
	B—B						
	C—C						
轴径合格性结论			理由				

圆跳动测量

测量截面	Ⅰ—Ⅰ	Ⅱ—Ⅱ	Ⅲ—Ⅲ
径向圆跳动			
合格性结论		理由	

表面粗糙度测量

测量参数	Ra	Rz	Rmr
测量数据			
合格性结论		理由	

测量结果分析：

6.4 齿轮几何参数的综合测量

6.4.1 齿轮几何参数的综合测量预习报告

实验名称:齿轮几何参数的综合测量

1）实验目的

（1）了解齿轮参数测量常用的仪器及其工作原理。

（2）掌握齿轮传动各项指标的测量方法及其综合评定方法。

2）实验仪器和设备

公法线千分尺、双面啮合检查仪等。

3）实验内容及实验操作步骤

（1）实验内容 渐开线圆柱齿轮是机器、仪器中使用最多的传动零件,主要用来传递运动和动力。对齿轮有以下几个方面的使用要求:①传递运动的准确性;②传动的平稳性;③载荷分布的均匀性;④侧隙的合理性。

因此,齿轮的综合测量应反映齿轮上述四个方面的性能。

本实验要求查出产品齿轮各项公差值,并通过测量齿轮的公法线长度评定齿轮零件侧隙的合理性;测量齿轮径向综合总偏差,评定齿轮零件传递运动的准确性;测量齿轮一齿径向综合偏差,评定齿轮零件传动的平稳性。

（2）实验步骤 具体如下。

① 根据齿轮几何参数及其要求选择合适的测量仪器。

② 了解测量仪器的构造和测量原理。

③ 按仪器的测量方法进行齿轮公法线长度、径向综合总偏差及一齿径向综合偏差的测量。

④ 分析齿轮测量结果,并将测量值与极限偏差值进行比较,判断所测量齿轮零件侧隙的合理性、传递运动的准确性和传动的平稳性。

⑤ 写出实验报告。

6.4.2 齿轮几何参数的综合测量实验报告

实验报告参见表 6.4。

表 6.4 齿轮几何参数的综合测量

	名　　称	分度值/mm	示值范围/mm	测量范围/mm
测量器具	公法线千分尺	0.01		
	双面啮合检查仪	0.001		

续表

被测零件	名称	齿轮	精度要求	8 GB/T 10095—2008
零件图	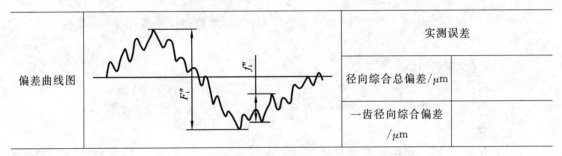		m	
			z	
			F_i''	
			f_i''	
			F_β	
			$W_{E_{bni}}^{E_{bns}}$	
			$s_{E_{sni}}^{E_{sns}}$	

径向综合总偏差与一齿径向综合偏差测量

偏差曲线图		实测误差	
		径向综合总偏差/μm	
		一齿径向综合偏差 /μm	

公法线长度测量数据及计算

公法线公称长度/mm	$W_n = m[1.476(2k-1)+0.014z] =$					
公法线长度上极限偏差/mm	$E_{bns} = E_{sns}\cos\alpha_n - 0.72F_r\sin\alpha_n =$					
公法线长度下极限偏差/mm	$E_{bni} = E_{sni}\cos\alpha_n + 0.72F_r\sin\alpha_n =$					
序号	1	2	3	4	5	6
实测公法线长度/mm						
公法线长度平均值/mm						
公法线平均长度偏差						

测量结果分析：

6.5　螺纹几何参数的综合测量

6.5.1　螺纹几何参数的综合测量预习报告

实验名称:螺纹几何参数的综合测量

1)实验目的

(1)了解螺纹常用测量仪器的结构、工作原理及测量方法。

(2)掌握外螺纹的中径、螺距、牙型半角等技术参数的测量方法及其数据的综合处理与判断。

2)实验仪器与设备

工具显微镜。

3)实验内容及实验操作步骤

(1)实验内容　在机械制造业中,螺纹应用十分广泛。为保证螺纹良好的旋合性及可靠的连接强度、传递动力的可靠性或传递运动的准确性,以及保证其互换性或便于进行工艺分析,必须选择适当的测量器具及测量方法,对螺纹进行综合检验或各项几何参数的单项测量。本实验通过对螺纹塞规的中径、螺距和牙型半角的测量,计算螺纹的作用中径,并判断塞规合格与否。

(2)实验步骤　具体如下。

① 根据所给螺纹工件与代号确定螺纹大径、中径及二者各自的极限偏差。

② 对照实际测量仪器认识其主要部件及其作用,掌握工具显微镜的工作原理及测量使用方法。

③ 进行螺纹中径、螺距和牙型半角等技术参数的测量,并对测量数据进行记录、整理和处理。

④ 计算螺纹的作用中径。

⑤ 分析测量结果,并判断所测量螺纹工件各单项技术参数的合格性,得出综合性的结论。

⑥ 写出实验报告。

6.5.2　螺纹几何参数的综合测量实验报告

实验报告参见表6.5。

表 6.5　螺纹几何参数的综合测量

测量器具	名称	分度值		示值范围/mm		测量范围/mm	
		角度/(′)		纵向		纵向	
		长度/mm		横向		横向	
被测螺纹	螺纹代号	大径及其极限偏差	中径及其极限偏差	螺距 P/mm	半角/(°)	螺纹升角/(°)　$(\phi=\arctan P/\pi d_2)$	

测量数据及其计算

测量示意图

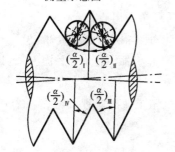

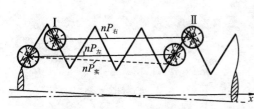

螺纹中径的测量与计算			
测量位置	测量读数值/mm		读数差/mm
	I	II	
$d_{2左}$			
$d_{2右}$			
$d_{2a}=$			

牙型半角误差的测量与计算			
左螺旋面测量读数值		右螺旋面测量读数值	
$\left(\dfrac{\alpha}{2}\right)_{I}$	$\left(\dfrac{\alpha}{2}\right)_{III}$	$\left(\dfrac{\alpha}{2}\right)_{II}$	$\left(\dfrac{\alpha}{2}\right)_{IV}$
$\dfrac{\left(\dfrac{\alpha}{2}\right)_{I}+\left(\dfrac{\alpha}{2}\right)_{III}}{2}$		$\dfrac{\left(\dfrac{\alpha}{2}\right)_{II}+\left(\dfrac{\alpha}{2}\right)_{IV}}{2}$	
左半角偏差		右半角偏差	

牙型半角误差的中径当量：

$f_{\alpha/2}=$

螺距累积误差的测量与计算

读数值/mm	$P_{n左}$		$P_{n右}$		$P_{n实}=$
	I	II	III	IV	$\Delta P_{\Sigma}=$
					螺距累积误差的中径当量：
读数差					$f_{p}=$

作用中径：

测量结果分析：

参 考 文 献

[1] 胡凤兰.互换性与技术测量基础[M].北京:高等教育出版社,2010.

[2] 胡凤兰.形位精度设计与形位误差检测[M].北京:国防工业出版社,2007.

[3] 甘永立.几何量公差与检测实验指导书[M].6 版.上海:上海科学技术出版社,2010.

[4] 朱士忠.精密测量技术常识[M].3 版.北京:电子工业出版社,2011.